Scratchで たのしく学ぶ プログラミング的思考

早稲田大学 鷲崎弘宜・齋藤大輔・坂本一憲 著

本書の問題だけを抽出したデータについて

本書の問題だけを抽出したデータは下記URLよりダウンロードできます。
また、追加・訂正情報があれば掲載しています。
https://book.mynavi.jp/supportsite/detail/9784839969738.html

はじめに

　この本の目的は、読者の皆さんが自身や周りのものごとをプログラミング的思考により整理して、プログラミングによりコンピュータを使って問題を解決できるようになることです。

　コンピュータは、人のように難しいことをそのまま考えることはできません。そこでコンピュータに何かをしてもらうためには、最初に、してもらいたいことをコンピュータがわかるように整理して組み立てる必要があります。この考え方を「プログラミング的思考」といいます。続いて、整理したことをコンピュータのわかる言葉であるプログラミング言語で書いて伝えます。この本で取り上げる Scratch は、プログラミング言語の1つです。この伝えることを「プログラミング」といいます。コンピュータへ伝えたいことを書いた結果を「プログラム」といいます。

　プログラミング的思考は、コンピュータのプログラムに限らず、日常生活におけるさまざまなものごとを整理して、問題を解決することに役立つものです。そして考えた結果をプログラムとして表しコンピュータで実行することで、誰でも、速く、正確に、何度でも問題を解決できるようになります。

　この本では、最初に1章で、コンピュータと Scratch プログラミングの基本的な仕組みを学びます。

　続いて2章と3章で、身近な話題のクイズにたのしく答えていくことを通じてプログラミング的思考の考え方を学び、Scratch プログラミングを通じてその実現の仕方を学びます。プログラミング的思考には、プログラムの仕組みに基づいて考える「アルゴリズム」（2章）と、扱いたいものごとの特徴に基づいて整理して未来やさまざまな場合にどうなるのかを予想する「モデル化とシミュレーション」（3章）があります。

　4章では、ゲームを題材とした Scratch の作品をつくります。3章で学んだ考え方を用いて問題を整理して解決の仕方を考えて、2章で学んだアルゴリズムを用いてプログラムとして表します。

　5章では、全体をおさらいして、より発展的に学びを深めるためのヒントにふれます。

　さあ、クイズとゲーム作品を通じて、たのしくプログラミング的思考とプログラミングを学びましょう！

2019年9月
鷲崎弘宜

もくじ

本書の使い方 006
キャラクター紹介 009
Scratchはここだよ！ 010

Chapter 1 コンピュータの仕組みとScratchの設定

- 1-1 プログラムが動く『コンピュータの仕組み』について知ろう 012
- 1-2 プログラミングとScratch 014

Chapter 2 問題解決のための方法と手順 [アルゴリズムとデータ構造]

- 2-1 順番通りに進めてみよう（順次実行） 022
- 2-2 条件に分けて考えてみよう（条件分岐） 028
- 2-3 同じ行動を複数回行ってみよう（繰り返し） 036
- 2-4 箱を使ってみよう（変数） 046
- 2-5 要素を1つの箱にまとめてみよう（配列） 056
- 2-6 配列の考え方をさらに深めよう（配列の応用） 062
- 2-7 複数の指示を1つの指示にまとめよう（関数） 074
- 2-8 メッセージ 086

Chapter 3 ものごとの仕組みを単純化する、未来を予測する［モデル化とシミュレーション］

- 3-1　モデル化とシミュレーションとは 092
- 3-2　分けて考えてみよう（分解と組み立て） 094
- 3-3　共通の性質をまとめてみよう（一般化） 104
- 3-4　重要なところのみ注目してみよう（抽象化） 112
- 3-5　簡単にした図で考えてみよう（モデル化） 120
- 3-6　さまざまな未来を予想してみよう（シミュレーション） 128
- 3-7　すじみちを立てて考えてみよう（論理的推論） 134
- 3-8　モデル化とシミュレーションのまとめ 144

Chapter 4 Scratchで学ぶプログラミング的思考［作図とゲーム］

- 4-1　さまざまな図形をScratchで描こう 146
- 4-2　Scratchでゲームをつくろう 198

Chapter 5 プログラミング的思考のまとめとさらなる学びに向けて

- 5-1　まとめとさらなる学びに向けて 246

- 索引 250

本書の使い方①

本書は、プログラミング的思考を学ぶための書籍です。
プログラミング的思考と聞くと難しく感じるかもしれませんが、私たちが日常的に体験している考えていることの中にも当てはまるものがあります。
本書では、そういった事柄をクイズ形式で楽しく、かんたんに学べるようにしました。

クイズで学ぶ

クイズ
日常的に体験している事柄をプログラミング的思考に合わせたクイズにしました。これまでの経験を振り返って考えることができます。

解説
日常生活をプログラミング的思考になぞらえて解説しました。これまでの経験や考え方を踏まえてプログラミング的思考を捉えましょう。

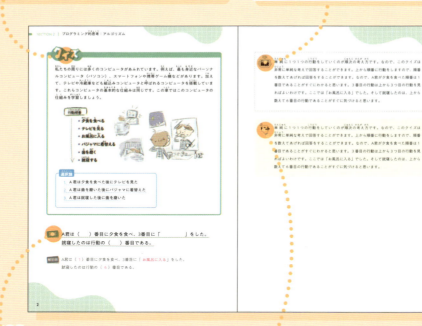

回答
穴埋め問題を多く用いて、かんたんにプログラミング的思考を学べるようにしました。

ヒント
はじめてのクイズに取り組む際には難しいところもあるかもしれません。その際は「ヒント」を確認してください。クイズを解くのに役立つ知識がきっと得られます。

プログラミングで学ぶ

クイズ

かんたんなクイズを解いたあとは、Scratch を使った穴埋め問題に取り組みましょう。1からプログラムをつくるのではなく、穴埋め形式で考えることでプログラミング的思考をで重要となる条件分岐や一般化などの知識を自然に養うことができます。

解説

プログラミング的思考の解説を通じて、プログラミングする上で必要となる知識が身に付くように解説しました。

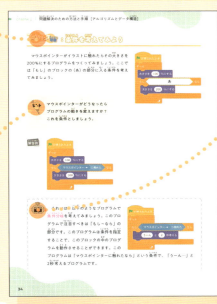

ヒント

穴埋め問題が難しければヒントを確認しましょう。回答に必要となる条件などをきっと見つけられます。

学びのまとめ

まとめ

項目ごとに学んだ内容を、日常生活や Scratch でのプログラミングを絡めて振り返ります。プログラミング的思考として学んだキーワードをハイライトしてあるので、項目ごとに何を学んだか一目でわかります。

キーワード

項目ごとに学んだ内容が一目でわかるように、項目の最後にキーワードを記載しました。

本書の使い方②

Scratchで学ぶ

問題

ゲームや作図ができるプログラムをScratchで作成しましょう。これまでに学習してきたステージづくりの応用なので、すぐにつくれてしまうかもしれません。難しければヒントを確認しましょう。

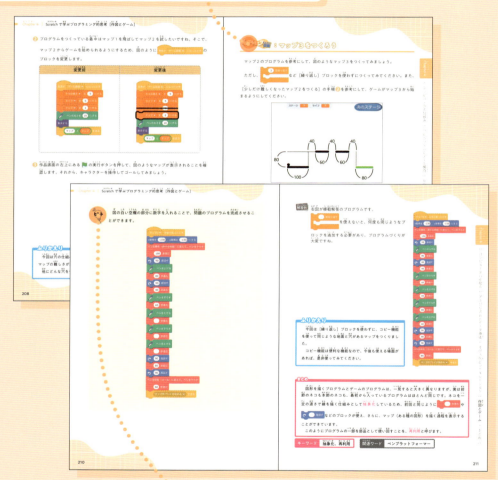

ヒント

プログラムづくりの助けになるよう、ヒントは穴埋め形式で記載してあります。どうしてもわからなかったときに確認しましょう！

キャラクター紹介

こずえ先生のクラスのしずおくん、かおりちゃんと一緒に、遠足やサンドイッチづくりなどをプログラミング的思考に置き換えて学んでいきましょう！
今までにも知らず知らずのうちにプログラミング的思考には触れてきたはずです。

こずえ先生

かおりちゃん、しずおくんの担任の先生。突然、学校教育でプログラミングの授業をすることが決まり、大慌てで生徒たちと一緒にプログラミング的思考について学びます。ロボットが苦手。

アビーくん

突然、こずえ先生の学校に現れたコミュニケーションロボット。

しずおくん

ゲームや作図が大好きな男の子。こずえ先生に誘われて、さまざまなプログラミング的思考を学びます。かおりちゃんとは大の仲良し。

かおりちゃん

お料理が得意な女の子。こずえ先生に誘われて、さまざまなプログラミング的思考を学びます。しずおくんとは大の仲良し。

Scratchはここだよ！

本書で扱っているScratchプログラムのすべての問題と解答を以下のURLに掲載しています。
ただし、解答については、自分自身で考えてから見るようにしましょう。
そうしないと、考える楽しさがなくなってしまいますからね！

https://scratch.mit.edu/studios/25116385/

Chapter

1 コンピュータの仕組みと
Scratchの設定

1-1 　プログラムが動く『コンピュータの仕組み』について知ろう

1-2 　プログラミングとScratch

1-1 プログラムが動く『コンピュータの仕組み』について知ろう

　私たちの周りは多くのコンピュータであふれています。たとえば、パーソナルコンピュータ（パソコン）、スマートフォンや携帯ゲーム機などがあります。加えて、テレビや冷蔵庫などにもコンピュータが組み込まれています。このようなコンピュータを組込みコンピュータと言います。これらコンピュータの基本的な仕組みは、ほぼ同じです。

　この章ではこのコンピュータの仕組みを見ていきましょう。

役割

　コンピュータの役割は、私たちの身の回りの情報をセンサーやキーボードなどの入力装置によってデータとして与え、それらのデータに対し「何かしらの処理」をして、ディスプレイ、スピーカ、モータといった出力装置に「結果」を出すことです。

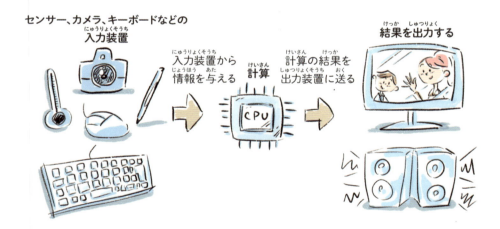

コンピュータの構成要素

さらに、ここではパソコンを例に、コンピュータの構成要素を確認しておきましょう。一般的には以下のものからできています。また、このような構成のコンピュータを動かすために欠かせないものがオペレーティングシステム（OS）と呼ばれるソフトウェアです。
OS はプロセスの管理、メモリの管理、データの管理などを行っています。

種類	装置名	説明
中央処理装置	CPU (Central Processing Unit)	CPU の主な役割は、制御と演算です。この CPU はコンピュータの頭脳であり、0 と 1 の 2 つの数字（2 進数）の命令によって制御や演算をします。つまり、CPU に何かさせたいのであれば、0 と 1 で命令をしてあげれば良いのです。しかし、私たち人間では 0 と 1 での命令を理解することは大変です。この 2 進数の命令をわかりやすくしたものをプログラミング言語といいます。人間はこのプログラミング言語を使ってプログラミングをすることで、この頭脳（CPU）へ簡単に指示を出すことができます。
記憶装置 主記憶装置	メモリ (Random Access Memory)	データを一時的に記憶しておくところです。プログラミングをしていると一時的にデータを保存したりする必要があります。そのときは、このメモリの領域を使って保存します。
記憶装置 補助記憶装置	ハードディスク SSD など	データなどをずっと保存しておくところです。音楽や画像などに加えて、プログラムを保存することもできますし、プログラミングにてデータをつくったり、保存したりすることもできます。

まとめ

プログラムが動くコンピュータの仕組みと構成を確認しました。また、プログラミングがどのようなものかについても少しふれました。
本書では日常の考え方をコンピュータに理解できる考え方で見ていくことで、論理的な考え方をより深く理解できるようになることを目標としています。

Chapter 1 | コンピュータの仕組みと Scratch の設定

1-2 プログラミングとScratch

本節ではプログラミングについて、Scratchと呼ばれる環境を使って体験してみましょう。

プログラミングとは？

　一般的にプログラミングとは、コンピュータに指示を出すためにプログラムと呼ばれる指示書をつくることをいいます。この指示書の作成にはプログラミング言語と呼ばれる、特別な言葉を用います。この指示書は単純に言葉を並べるのではなく、コンピュータに伝わるようにつくらなくてはなりません。コンピュータに伝わるようにプログラミングするためにはさまざまな考え方（論理的な考え方）があります。この考え方は、私たちが日常生活をしていくうえで当たり前のようにやっていることを、コンピュータに伝わりやすくしたものです。

Scratchとは？

　MITメディアラボが開発をしている、ビジュアルプログラミング環境です。一般的には、文字をキーボードで入力していくことでプログラミングします。一方、Scratchでは主に文字を入力する代わりに、マウスによりブロックをドラッグアンドドロップでつなげていくことでプログラミングします。より直感的にプログラミングできるので、あなたのアイデアを簡単にコンピュータで形にしたり、表現したりできます。

Scratchの起動

　スクラッチを起動するためには以下のサイトにアクセスします。

https://scratch.mit.edu/

　アクセスすると画面のようなページが出てきます。これがScratchの公式サイトです。上のメニューの［作る］をクリックしてみましょう。

ここをクリック

[作る]をクリックすると次のような画面が表示されます。このページがScratchを使ってプログラミングする画面です。なお、Scratchが動くブラウザにはEdge、Chrome、Firefoxがあります。

Scratchでは基本的に、スプライトと呼ばれるイラストに対して動かすようにプログラミングします。スプライトはステージといわれる場所に自由に配置できます。また背景を付けることもでき、背景に対してもプログラミングができます。

プログラミング用のブロックの種類として、● [動き]、● [見た目]、● [イベント]、● [制御] などがあります。これらの種類のブロックを組み合わせることでプログラムを作成します。

プログラミング用メニューとブロック一覧

プログラムを作成するところ

実行結果が表示されるところ

スプライト　ステージ

Scratchのチュートリアルが表示される。最初はこれを見ながらやると良い。

スプライト（絵）の追加や設定

Chapter 1 ― コンピュータの仕組み ― アルゴリズムとデータ構造 ― モデル化とシミュレーション ― 作図とゲーム ― まとめ ―

簡単なプログラムをつくってみましょう

左のメニューから［イベント］を選択します。

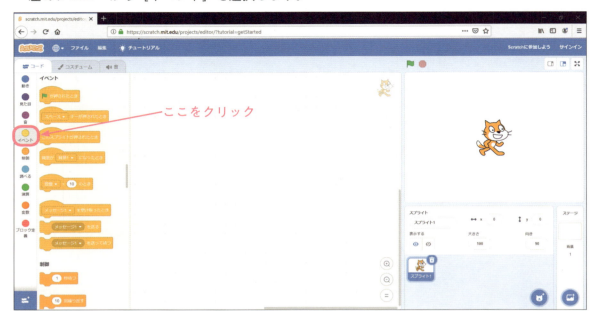

次に、 が押されたとき のブロックにマウスポインターを合わせます。

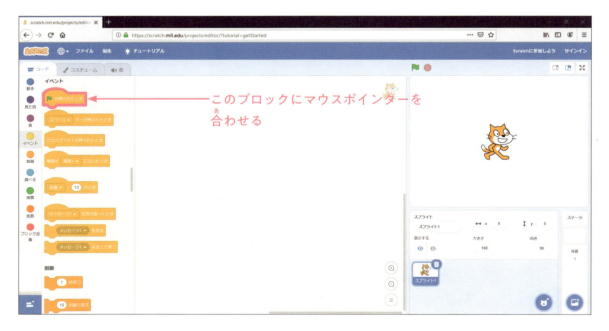

マウスポインターが合わせられたら、マウスの左クリックを押したまま、右のエリアに移動させます。

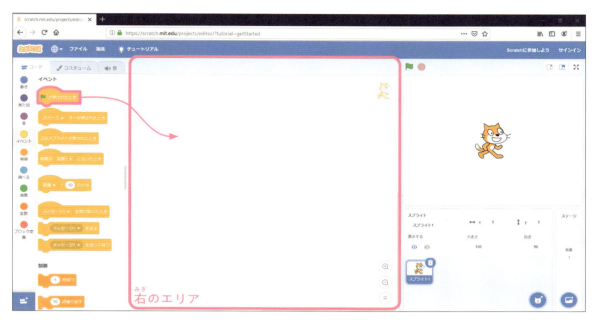

右のエリアに移動できたらマウスの右クリックから指をはなしましょう。

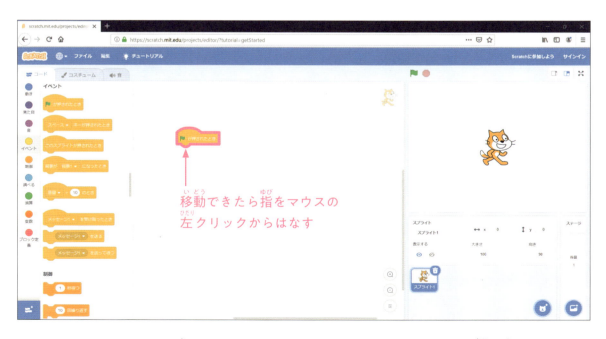

　これで、1つブロックを置いてプログラミングできました。これだとまだ何も起きないので、次に左のメニューから動きを選択してください。

Chapter 1 | コンピュータの仕組みと Scratch の設定

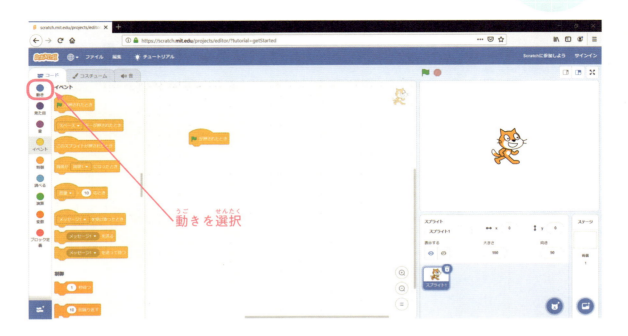

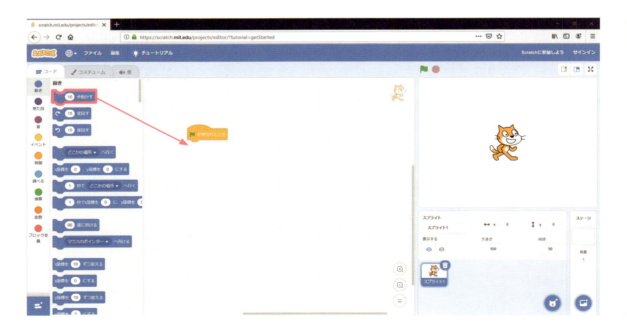 を選択して先ほどと同じく右のエリアに移動させます。

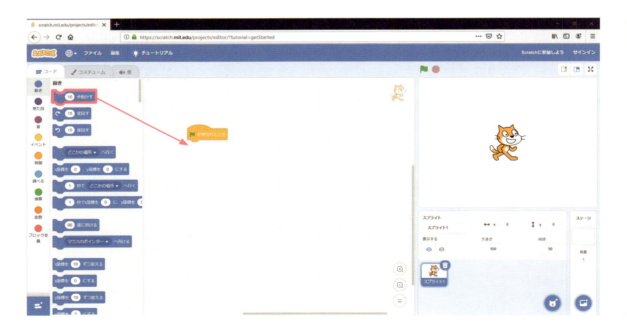

移動させるときは のブロックの下にくっつけるようにします。

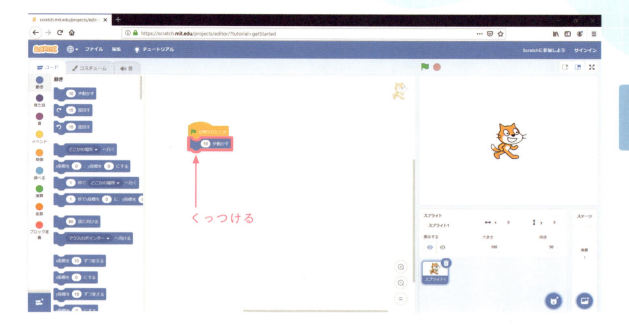

プログラムができたら 🚩 のマークを押してみましょう。スクラッチキャットと呼ばれる猫の絵が右に少し動くはずです。

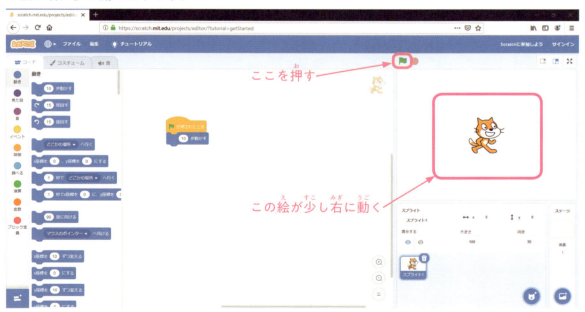

簡単にプログラミングできました。
それでは次章からプログラミング的思考について学んでいきましょう。

Chapter 1 | コンピュータの仕組みと Scratch の設定

プログラミング的思考の世界へ出発

次章からプログラミングの考え方を使って、クイズに挑戦していきます。日常の事柄を例にしたクイズや Scratch を使って実際にプログラミングを用いたクイズなどが登場します。

かんたんなクイズから少し難しいクイズを通じてプログラミングの考え方を学んでいきましょう。

Chapter 2 問題解決のための方法と手順
[アルゴリズムとデータ構造]

- 2-1　順番通りに進めてみよう（順次実行）
- 2-2　条件に分けて考えてみよう（条件分岐）
- 2-3　同じ行動を複数回行ってみよう（繰り返し）
- 2-4　箱を使ってみよう（変数）
- 2-5　要素を1つの箱にまとめてみよう（配列）
- 2-6　配列の考え方をさらに深めよう（配列の応用）
- 2-7　複数の指示を1つの指示にまとめよう（関数）
- 2-8　メッセージ

2-1 順番通りに進めてみよう（順次実行）

本書では、クイズを通してプログラミング的思考を学習します。

本章でプログラミングの基本的な考え方（順次、条件分岐、繰り返し）を学習します。また、基本的な考え方を組み合わせて「ある」問題を解決する手段を手順化・定式化したアルゴリズムについても学習します。

アルゴリズムとは？

アルゴリズムについてもう少し詳しく説明します。アルゴリズムは、「ある問題」を解決する方法として、足し算や引き算などの計算や順次、条件分岐、繰り返しといった考え方を組み合わせて手順化、定式化したものです（算数での問題の解き方や証明の手順を含むこともある）。

コンピュータで解決できる問題としてどんなものがあるでしょうか？

たとえば、以下のようなものが考えられます。

- 複雑な計算を行う
- データを並び替える
- データを検索する

順次実行（順番通りに実行される）

順次実行は順番通りに並べて動かすという考え方です。この順番通りに並べる順次の考えを使ってクイズにチャレンジしてみましょう。

クイズ

しずおくんは、夕食から寝るまでに次のような行動をしました。行動順番を見て、説明文として適切なものを選択肢から選んでみましょう。

行動順番
- 夕食を食べる
- テレビを見る
- お風呂に入る
- パジャマに着替える
- 歯を磨く
- 就寝する

選択肢

1. しずおくんは夕食を食べた後にテレビを見た
2. しずおくんは歯を磨いた後にパジャマに着替えた
3. しずおくんは就寝した後に歯を磨いた

しずおくんは（　　）番目に夕食を食べ、3番目に「　　　　　　」をした。
就寝したのは行動の（　　）番目である。

しずおくんは（ 1 ）番目に夕食を食べ、3番目に「 お風呂に入る 」をした。
就寝したのは行動の（ 6 ）番目である。

　　コンピュータに指示を出すときの基本的な決まりごととして、指示を一つひとつ出してあげなければなりません。この一つひとつの指示は出した順番通りに実行されます。この動きのことを順次もしくは逐次といいます。コンピュータでの順次を扱う前に、この動きを現実の事柄に当てはめて考えてみましょう。

　　たとえば、朝起きてから家を出発するまでの流れを順次の考え方で並べてみると以下のようになります。

❶ 起床する
❷ 朝食を食べる
❸ 歯を磨く
❹ 着替えをする
❺ 荷物をまとめる
❻ 靴を履く
❼ 家を出る

　私たちが生活するうえで、これらの行動は順番が入れ替わったり、同時に行うことがあるかもしれませんが、基本的にコンピュータは1つの行動が終わるまで次の行動には進めません。このように、やりたい行動を順番通りに並べてあげることがとても大切になります。

今度は日常の行動ではなくコンピュータとして掃除ロボットを例として順次の考え方をより深めてみましょう。自身の目の前にいくつかの指示を与えることが可能な掃除ロボットがあると思ってください。あなたは、この掃除ロボットに指示を与え、図のような部屋をスタートの位置からゴールの位置まで障害物を避けながら掃除をさせたいと考えます。

さて、どのような手順を踏めばゴールまでたどり着くでしょうか？

掃除ロボットが掃除するフロア
白いところが床。灰色のところが壁など掃除できない箇所
（矢印は掃除ロボットが向いている方向）

今回のクイズでは次の指示を掃除ロボットに与えることが可能です。

選択肢

1. 前に1マス進む
2. 右を向く
3. 左を向く

掃除ロボットにどのように指示を出せば良いかわかったでしょうか？
ここでのポイントは、自分が掃除ロボットになったつもりで、体を動かして考えても良いですし、手順を一つひとつ書き出してマス目をなぞってみても良いでしょう。

回答

「前に1マス進む」を（　）回行う
「右を向く　」を（　）回行う
「　　　　　」を1回行う
「　　　　　」を　1回行う
「　　　　　」を（　）回行う

解答例

「前に1マス進む」を（ 2 ）回行う
「右を向く　」を（ 1 ）回行う
「前に1マス進む」を1回行う
「左を向く」を1回行う
「前に1マス進む」を（ 1 ）回行う

まとめ

　この項目では、順次という考えを学習しました。この考え方は順番に行動が行われるということだけです。しかし、この考え方はコンピュータに指示を出すうえでは非常に重要な考え方です。
　なぜならば、コンピュータは与えられたプログラムによる指示を一つひとつ順番に行うからです。

キーワード　順次（逐次）

Chapter 2 | 問題解決のための方法と手順［アルゴリズムとデータ構造］

プログラミングで考えてみよう（順次実行）

このプログラムには、次のような指示があります。これらの指示が実行される順番が何番目かを回答してください。

- 元気ですか？と2秒言う
- こんにちは！と2秒言う
- 私は元気ですと2秒言う

 ヒント どのように実行されるか頭の中で考えてみよう。もちろん同じプログラムを作ってみるのも良いでしょう。

回答
「　　」番目：元気ですか？と2秒言う
「　　」番目：こんにちは！と2秒言う
「　　」番目：私は元気ですと2秒言う

解答例
「 2 」番目：元気ですか？と2秒言う
「 1 」番目：こんにちは！と2秒言う
「 3 」番目：私は元気ですと2秒言う

実行結果

「こんにちは！」と2秒言う

「元気ですか？」と2秒言う

「私は元気です」と2秒言う

 解説 プログラムを実行するとすぐに答えがわかります。プログラムが上から順番に実行されていることが理解できればOKです。

以下のような動作をするプログラムを Scratch でつくってください。
- 「おはようございます」と「2秒」言う
- 「いい天気ですね」と「3秒」言う
- 「さよなら」と「4秒」言う

 クイズ1のプログラムを参考にして解いてみましょう。

　右のプログラムを使って解説します。
　このプログラムを実行すると、図のように、スクラッチキャットが「こんにちは！」と2秒言います。この例では命令が1つだけですが、命令が2つになっても、3つになっても、プログラムは上から下に実行されますので、実行したい順番でプログラムを組み合わせてあげれば良いです。

動きとしては、「こんにちは！」と2秒間表示されます。

まとめ

　この節では、順次実行の考え方を学びました。これは、出した指示の順番通りに行動することでした。Scratchを使ったプログラミングをすることによって、コンピュータは出された指示を順番通りに実行していることもわかったと思います。

2-2 条件に分けて考えてみよう（条件分岐）

前節では順次実行のことを学びました。この節では条件分岐という考え方を学びます。たとえば、相手や時間を条件として、どのように挨拶するのが良いか、考えるクイズにチャレンジしてみましょう。

挨拶をする相手での条件について考えてみましょう。
挨拶をする相手を友達と先生がいたとして、「おはよう」と「おはようございます」の使い分けを考えてみましょう。

回答
挨拶をする相手が「　　　」のとき、「おはようございます」と言う
挨拶をする相手が「友達」のとき、「　　　　　」と言う

解答例
挨拶をする相手が「先生」のとき、「おはようございます」と言う
挨拶をする相手が「友達」のとき、「おはよう」と言う

解説

　コンピュータに指示を与える際に、特定の動作や値などの違いによって、処理を変えたいことがあります。動作などの違いによって指示を変える方法として **条件分岐** という考え方があります。この、**条件分岐** とは「ある」特定の条件に合うときに特定の行動をすることをいいます。

　たとえば、日常の挨拶で考えてみましょう。私たちは基本的に日常の挨拶を時間によって使い分けていると思います。

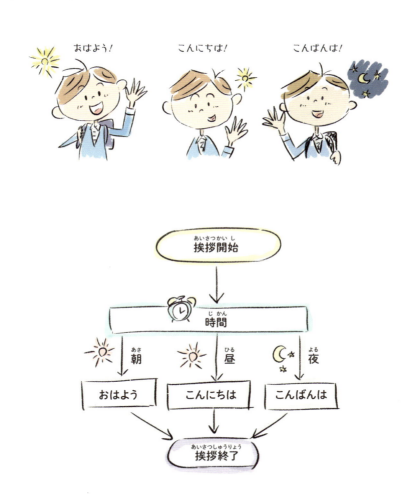

　クイズでは挨拶をする「相手」を条件として、「挨拶」の言葉を変えました。私たちが日常の中で挨拶をするときは、先生のときに「おはよう」や友達に「おはようございます」を使う場合もあり、使い分けを臨機応変に行えます。しかし、コンピュータの場合、動作が決まっていることが多く、私たちのようにその場で動作を変えることが難しいです。

順次実行で登場した掃除ロボットに条件分岐を使って命令を出してみましょう。こちらも順次実行のときと同じで、スタートからゴールまで障害物を避けながら掃除ロボットに指示を与え、掃除をしてもらいます。

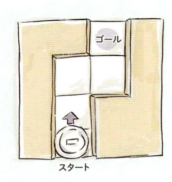

次の命令が使えるときどのような条件を与えればゴールまで掃除できるでしょうか？
- 前に進む
- 右を向く
- 左を向く

 掃除ロボットがどんなときに右を向かせたり、左を向かせたりすれば良いでしょうか？

回答
前に進む
左と前に「　　　　　」には右を向く
右と前に「　　　　　」には左を向く
＊「　」には同じ条件が入ります。

解答例 前に進む
左と前に「壁があるとき」には右を向く
右と前に「壁があるとき」には左を向く
＊「　」には同じ条件が入ります。

解説 　ここではロボット掃除機の前と横に壁があるときを条件として使います。壁が左にある場合と右にある場合で曲がる方向を変えてあげる必要があるので、条件が少し複雑になります。

　プログラミングをするにあたって、条件が複雑になることが多くあります。どういった条件のときに、どういった動作をさせれば良いのか？　紙などに書き出すことによって、より条件を理解することができると思います。

まとめ

　条件分岐とは、特定のこと（条件）を満たすときに、「ある行動」をする考え方です。この考え方は、コンピュータの世界にとっては非常に重要です。
　コンピュータに指示を出すとき、特定の動作のときのみ、プログラムを動かしてほしいことがたくさんあります。コンピュータは自分で考えて分岐できないので、**条件分岐**の考えを盛り込んだプログラムで制御してあげる必要があります。

キーワード　条件分岐

Chapter 2 | 問題解決のための方法と手順［アルゴリズムとデータ構造］

プログラミングで考えてみよう

ヒントと解説を参考にしながら Scratch を使って条件分岐のクイズにチャレンジしましょう。

プログラミング問題：条件分岐が使われたプログラムを読んでみよう

以下のプログラムはどのような条件でその条件を満たすときの動作はどうなるでしょうか。まずは、同じプログラムを実際に作成してみると良いでしょう。

いちばん外側に「ずっと」と書かれたプログラムがありますが、これについては、次節で詳しく説明しますので、一旦置いておきましょう。

 スクラッチキャットの大きさはどこまで大きくなるかな？考えてみましょう。

回答　絵を徐々に大きくして「　　　　　　」なら、
　　　絵の大きさを「　　　　　　」

絵を徐々に大きくして「端に触れた」なら、絵の大きさを「元に戻す」

もしくは

絵を徐々に大きくして「端に触れた」なら、絵の大きさを「100%にする」

端に触れるまで大きくなり続ける

端に触れるまで大きくなり続ける

もし「端に触れた」なら
大きさを「100%にする」

端に触れると元の大きさに戻る

 このプログラムは絵がひたすら大きくなります。しかし、「絵が端に触れる」とサイズが元のサイズに戻ると思います。このように「ある特定のことを満たすときに動きを変える」ことが条件分岐です。

条件を考えてみよう

マウスポインターがイラストに触れたらその大きさを200%にするプログラムをつくってみましょう。ここでは「もし」のブロックの（あ）の部分に入る条件を考えてみましょう。

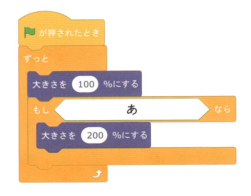

 マウスポインターがどうなったらプログラムの動きを変えますか？

 それでは、以下のようなプログラムで**条件分岐**を考えてみましょう。このプログラムで注目すべきは「もし〜なら」の部分です。このプログラムは条件を指定することで、このブロックの中のプログラムを動作させることができます。このプログラムは「マウスポインターに触れたなら」という条件で、「うーん…」と2秒考えるプログラムです。

では、実際に動かしてみましょう。

このプログラムはイラストにマウスのポインターが触れているときに「うーん…」と2秒考えるプログラムです。マウスのポインターがスクラッチキャットのイラストから離れると2秒後に「うーん…」という文字は消えます。

マウスのポインターが触れていない状態

マウスのポインターが触れている状態

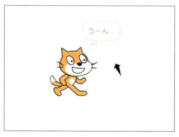

マウスのポインターが再び離れた状態(2秒後に「うーん」が消える)

まとめ

条件分岐とは、「ある条件」に当てはまるときのみ、「特定の指示」を実行する考え方でした。Scratchの例でいうと「マウスポインターに触れたなら」、「端に触れたなら」が条件で、これらに当てはまるときのみ、スプライトの大きさを変えたりしました。

Chapter 2 | 問題解決のための方法と手順 [アルゴリズムとデータ構造]

2-3 同じ行動を複数回行ってみよう（繰り返し）

この節では繰り返しの考え方を学びましょう。繰り返しとは共通する動作を複数回行うことです。

以下のようなハンバーガーのメニューがあります。このハンバーガーのレシピはある手順にまとめることができます。

- バンズ（下）を置く
- パティを置く
- チーズを置く
- レタスを置く
- パティを置く
- チーズを置く
- レタスを置く
- ピクルスを置く
- バンズ（上）を置く

では、どこをまとめて、それを何回繰り返せば良いでしょうか？

 同じ動作をまとめてみよう。そのまとまった動作は何回あるかな？

回答 まとめられる手順

手順1「　　　　　　　　　　　　　」
手順2「　　　　　　　　　　　　　」
手順3「　　　　　　　　　　　　　」
繰り返すべき数：「　」

36

解答例 まとめられる手順

手順1「パティを置く　　」
手順2「チーズを置く　　」
手順3「レタスを置く　　」
繰り返すべき数:「2」

解説　繰り返しとは共通する動作を複数回行うことです。たとえば、卵を割るという動作を想像してみましょう。以下のような動作になると思います。

❶ 卵を机などで叩いてひびを入れる
❷ 両手(片手)でひびのところに割れ目を入れる
❸ 割れ目を二つに広げる
❹ 広げた割れ目から中身を取り出す

卵を5個割りたいとします。このとき、上記の動作を5回行えば、卵は5個割れるはずです。このように、共通の動作を5回繰り返せば5個割れるという考え方が繰り返しです。そのため、10回繰り返せば10個割れます。

次に、ハンバーガーのクイズも振り返ってみます。クイズではハンバーガーのレシピをみて、繰り返されているところをまとめるというものでした。もちろん、一個一個、指示を並べてつくっても良いですが、先に説明したとおり、共通の行動を繰り返しによってまとめることによって、シンプルな指示になります。

Chapter 2 | 問題解決のための方法と手順 [アルゴリズムとデータ構造]

応用クイズ

次に、本節でも掃除ロボットを使って以下のマス目を一周させる命令の出し方で繰り返し処理を考えてみましょう。

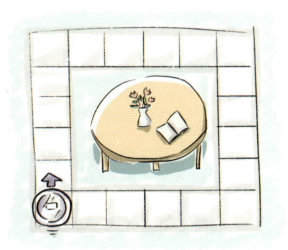

この掃除ロボットには以下の指示を出すことが可能です。
- 前に5マス進む
- 右を向く
- 左を向く

この指示を出せるとき以下の空欄を埋めてください。繰り返すべき指示と、その回数を空欄に埋めてください。

ヒント 部屋を一周したいので、前に5マス進むをどのように何回繰り返せばよいでしょうか？

回答 以下の動作を「　」回繰り返す
手順1「　　　　　　　　　　　　　　　」
手順2「　　　　　　　　　　　　　　　」

解答例 以下の動作を「4」回繰り返す
　手順1「前に5マス進む　　　　　　　」
　手順2「右を向く　　　　　　　　　　」

まとめ

　繰り返しは、「ある動作」を複数回、行う考え方です。この考えを理解することで、「ある動作」を一つひとつプログラムする必要がなくなります。

　確かに、この掃除ロボットの動作としては、以下のプログラムでも同じ動きをします。見てわかるように、繰り返しの概念を使えばシンプルに動作をつくられることがわかると思います。

　もちろん以下のプログラムが悪いというわけではありません。ただ、100回、1000回と同じ動作をしたいのであれば繰り返しを使ったほうがシンプルで、キレイなプログラムといえます。

　　手順1「前に5マス進む」
　　手順2「右を向く」
　　手順1「前に5マス進む」
　　手順2「右を向く」
　　手順1「前に5マス進む」
　　手順2「右を向く」
　　手順1「前に5マス進む」
　　手順2「右を向く」

キーワード　繰り返し,動作を複数回行う

Chapter 2 | 問題解決のための方法と手順［アルゴリズムとデータ構造］

プログラムで考えてみよう

ヒントと解説を参考にしながら Scratch を使って繰り返しのクイズにチャレンジしましょう。

プログラミング問題：繰り返しが使われたプログラムを読んでみよう

このプログラムはどのような動きをするでしょうか？

 同じプログラムをつくってみると良いでしょう。どのように動くでしょうか？

 🏁 がクリックされたとき、

イラストを「　」度回すことを「　　　　　　」

 🏁 がクリックされたとき、イラストを「10」度回すを「36 回繰り返す（行う）」

 このプログラムは360度イラストが回ります。つまり、イラストが一回転します。

プログラミング問題：繰り返しを使ったプログラムを作成してみよう

イラストがずっと90度回転し続けるプログラムをつくってみましょう。

「ずっと」というブロックを使います。［制御］の項目にあります。

 解答例

実行結果

90度ずつ回転し続ける

 解説

　実行結果は「90度ずつ回転し続ける」ですが、ひたすら回転し続けているように見えると思います。これは、プログラムが一瞬で実行され続けるからです。もう少し、繰り返しについて解説します。
　以下のプログラムで繰り返しを考えてみましょう。
　このプログラムは繰り返しを使うシンプルなプログラムの1つといえるでしょう。動作としては、「10歩動かす」を10回繰り返すことになります。つまり、100歩動くことになります。もちろん繰り返しを使わず順次に命令を並べても100歩動かすことは可能です。しかし、比べてみると明らかに繰り返しを使ったほうが、シンプルなプログラムであることがわかります。

Chapter 2 | 問題解決のための方法と手順［アルゴリズムとデータ構造］

繰り返し　　　　　　　　　　　順次

プログラム実行前。初期状態

プログラム実行後。100 歩動く

　また、繰り返しの考え方として「ずっと」ある「行動」を繰り返すことをする「無限ループ」というものがあります。この無限ループは条件分岐などを使ってプログラムを止めない限り永遠に繰り返しを続けます。掃除ロボットのように、掃除が終わるまで掃除をするプログラムなどで活用ができます。

まとめ

　ここでは繰り返しの考え方を学びました。同じ行動を複数回行いたいときなどに役立つ考え方です。Scratchを使ったプログラムで説明したとおり、指示をたくさん並べても同じ動作のプログラムをつくることができますが、繰り返しを使って動作をまとめることでシンプルなプログラムになることがわかりました。

順次、条件分岐、繰り返しの考え方を組み合わせよう

順次、条件分岐、繰り返しの考え方を思い出しながら高度なクイズにチャレンジしてみましょう。

 応用クイズ

繰り返しの問題2でやった掃除ロボットの問題と同じく一周する指示を考えてみましょう。

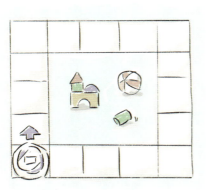

今回、使える指示が次の場合どのようになるでしょうか？

- 前に1マス進む
- 右を向く
- 左を向く

 ヒント　このフロアが何辺あり、1辺のマスが何マスでしょうか？　考えてみましょう。

 回答

以下の動作を「　」回繰り返す
手順1「　　　　　　　　　　」を「　」回繰り返す
手順2「　　　　　　　　　　　　　　　」

 解答例

以下の動作を「4」回繰り返す
手順1「前に1マス進む」を「4」回繰り返す
手順2「右に向く」

> 解説　これは2重の繰り返しのクイズです。2重の繰り返しとは繰り返しの中で繰り返しを行うことです。こうすることで、1マス進むを4回繰り返すことで4マス進むことを実現しています。ちなみに、この動作が4回繰り返されるわけですから、最終的には16マス進むことになります。なお「右を向く」は4回行われます。

Chapter 2 | 問題解決のための方法と手順［アルゴリズムとデータ構造］

では、次の指示の場合はどのようになるでしょうか？

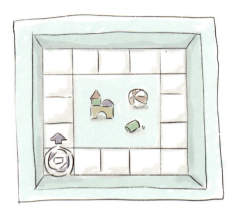

- 前に進む
- 右を向く
- 左を向く
- プログラムを止める

マス目がないところを壁とすると簡単に解くことができます。

ヒント 目の前が壁のとき、すべてのマスを掃除したとき、どのような動作をさせれば良いかそれぞれ考えてみましょう。

回答

以下の動作を「　　」繰り返す

「　　　　　　　　　　　　　」

目の前が「　　」のとき、「　　　」

すべてのマスを掃除したら「　　　　　　　　」

解答例

以下の動作を「ずっと」繰り返す

「前に1マス進む」

目の前が「壁」のとき、「右を向く」

すべてのマスを掃除したら「プログラムを止める」

　このクイズは繰り返しと条件分岐の組み合わせの問題です。この問題では、永遠に繰り返す方法を使っています。条件を指定することで、この繰り返し動作を止めています。

44

クイズ2のプログラムを使うと1辺あたり何マスのフロアを掃除できますか？
なお、クイズ2のフロアは1辺あたり5マスでした。

_____

難しく考える必要はありません。このプログラムは条件が成立するまで永遠に動き続けます。

　1辺が何マスでも掃除できる

これは**条件分岐**と**繰り返し**の組み合わせのクイズです。複雑そうに見えるプログラムですが、1辺のマス目が10マスになろうと100マスになろうと右回りであればすべてに対応ができます。これを実現するのが**条件分岐**です。ここでは、ロボットの「壁」を条件として、目の前に壁が来たら右を向けば良いのです。加えて、すべてのマスを掃除したらプログラムを止めてあげれば永遠に走り続けません。

まとめ

ここでは、**順次実行**、**条件分岐**、**繰り返し**の考え方を組み合わせた考え方について学びました。通常、1つの考え方のみでプログラミングをすることは非常に珍しいです。多くの場合、さまざまな考え方が組み合わさり、1つのプログラムになります。そのため、組み合わせる考え方をしていると、コンピュータに問題解決をさせるときの、解決方法の幅が広がるわけです。

Chapter 2 | 問題解決のための方法と手順［アルゴリズムとデータ構造］

2-4 箱を使ってみよう（変数）

この節では変数の考え方を学習していきましょう。

かおりちゃんの家には野菜室と冷凍室を備えた冷蔵庫があります。冷凍室の中には冷凍食品を入れることができ、野菜室の中には野菜を入れることができます。
最初に冷凍室には「アイスクリーム」と野菜室には「ピーマン」が入っているとします。
現在の冷蔵庫の状態は以下になります。

- 冷凍室には「アイスクリーム」
- 野菜室には「ピーマン」

次に、野菜室の「ピーマン」を使ったので新たに野菜室へ「タマネギ」を入れました。
よって、冷蔵庫の状態は以下になります。

- 冷凍室には「アイスクリーム」
- 野菜室には「タマネギ」

最後に、冷凍室の「アイスクリーム」を食べてしまったので、「シャーベット」に入れかえました。さらに、野菜室の「タマネギ」を使ったので、再び「ピーマン」を入れました。

このときの冷蔵庫の状態を考えてみましょう。（あ）（い）に入るものは何でしょうか？

- 冷凍室には「（あ）」
- 野菜室には「（い）」

回答　（あ）：_____

　　　（い）：_____

46

解答例 （あ）：シャーベット

（い）：ピーマン

 解説　変数とは、簡単にいうと「何か」を入れておける決まった大きさの箱だと思ってください。コンピュータの世界では、この箱に「値（数字や文字）」を入れて（このように、数などを入れることを代入といいます）、持ち運んだり、取り出したりすることができます。イメージとしては次の図のような感じです。

　ではクイズを例に考えてみましょう。冷蔵庫はさすがに持ち歩けないですが、野菜室と冷凍室があった場合、野菜室には野菜を入れ、冷凍室には冷凍食品などを入れるでしょう。現実では冷凍室に野菜を入れることはできますし、野菜室に冷凍食品を入れることもできます。

　しかし、コンピュータの世界では、それをすることが難しいです。たとえば、決まった大きさの箱があるとしましょう。この決まった大きさの箱には、この箱より多い物を入れることができません。そこで、コンピュータの世界ではプログラミングをするときに箱の大きさを決めてあげ、その大きさにあった値を入れてあげる必要があります。また、この箱にしまった値はプログラムの決まった範囲なら自由に値を入れ替え、取り出すことができます。

　自身がどんな値を使用したいのか、それを持ち運ぶためにどんな大きさの箱を用意しなければならないのか、知ることが大切になります。

掃除ロボットが次の3フロアを掃除するには、どのようなプログラムを作成すれば良いでしょうか。なお、掃除する順番はフロア1 → フロア2 → フロア3とします。
このとき、以下の変数と掃除ロボットには以下の指示を与えることができます。

- 変数：［マスの数］
- 「指定されたマス数分」前に進む

 各フロアのマスの数はいくつかな？　その数を変数に入れましょう。

回答　［マスの数］に「3」を入れる
　　　「［マスの数］」前に進む

　　　［マスの数］を「4」に入れ替える
　　　「　　　　」前に進む

　　　［マスの数］を「　」に入れ替える
　　　「　　　　」前に進む

解答例 ［マスの数］に「3」を入れる
「［マスの数］」前に進む

［マスの数］を「4」に入れ替える
「［マスの数］」前に進む

［マスの数］を「5」に入れ替える
「［マスの数］」前に進む

解説 このように変数に入れる値を変えてあげることで、進むマスを自由に変えられます。ここで、変数の利点を考えてみましょう。このクイズでは非常にシンプルなプログラムでした。もう少し複雑な状態を考えてみましょう。

たとえば、以下のフロアを掃除するプログラムを次のように考えてみます。

4マス進む→右曲がる→4マス進む→右に曲がる→4マス進む→右に曲がる→4マス進む

このプログラムを書き換えて5マス進むようにしたいときは4ヵ所変更しなければなりません。しかし、あらかじめ変数を用意して次のようなプログラムにすると、1ヵ所の変更で5マスにできるわけです。

「マスの数」に「4」を入れる→「マスの数」進む→右曲がる→「マスの数」進む→右曲がる→「マスの数」進む→右曲がる→「マスの数」進む

まとめ

変数とは、値を出し入れすることができる「箱」のことです。この「箱」に値を入れることを代入といいます。代入された値は、決められた範囲であれば自由に取り出したり、入れ替えたりすることができます。プログラミングの種類によっては「箱」の大きさを値によって自動に変えてくれるものもあります。

キーワード 変数, 代入

プログラムで考えてみよう

ヒントと解説を参考にしながら Scratch を使って変数のクイズにチャレンジしましょう。

プログラミング問題：変数を使ったプログラムを作成してみよう

「あいさつ」という変数を新たに作成し、その変数に「こんにちは」を代入し、それを「言う」プログラムをつくってください。表示する秒数は何秒でも良いです。

ヒントと変数のつくり方

クイズ１のヒントとして「あいさつ」という変数を使ってみましょう。まず、変数を使うには、新しく変数をつくらなければなりません。なぜなら、前述で変数は値を運べる箱といいました。この箱はいきなり出てくるものではなく、プログラム上でコンピュータに箱を使うよと教えてあげる必要があります。それでは、新たに変数をつくります。スクラッチの左側のメニューから［変数］をクリックします。次に［変数を作る］をクリックしてください。

そうすると次のようなウィンドウが表示されます。［新しい変数名］のところに「変数名」を入れます。「変数名」は好きな名前を付けることができます。今回は「あいさつ」という名前を入れて［OK］を押します。

そうすると［あいさつ］が追加されます。この変数［あいさつ］に値を入れるには　あいさつ を 0 にする　というブロックを使います。

それでは、このつくり方を参考にクイズのプログラムを作成してみましょう。

Chapter 2 | 問題解決のための方法と手順［アルゴリズムとデータ構造］

　ここでは、［あいさつ］という変数を用意しその中に「こんにちは」という文字を入れました。また、Scratchの値を入れる箇所に変数を入れることで、変数の値を取り出すことができます。

プログラミング問題：変数の値を入れ替えてみよう

「こんにちは」と言うプログラムができたら、「こんにちは」と言ったら、その後に「あいさつ」の中身を「さよなら」に入れ替えて、「さよなら」と言うプログラムをつくってください。

 プログラミング問題1の変数を使い、「こんにちは」というプログラムに2行追加してみましょう。

あいさつの中身が「こんにちは」

あいさつの中身が「さよなら」に入れ替わった

 変数に入っている値を入れ替えるには、改めて、同じ変数名を指定して、値を入れてあげれば良いです。
　気を付けなければならないのが、Scratchは同じ変数名で値を入れ直してあげれば変数の中身は変わりますが、ほかのプログラミング言語では、箱の大きさによって、入れ替えられる値の種類が決まっていたりします。

応用：繰り返しと変数を使ったプログラム

繰り返しの考え方と変数をうまく組み合わせると少し高度なプログラムをつくることができます。1+2+3+4+5+6+7+8+9+10 の結果を表示するプログラムを考えてみましょう。

ちなみに答えは 55 です。

：変数に入った値がどのように変わっているか考えてみよう

以下のプログラムの(あ)～(う)に入る変数を考えてプログラムを完成させてください。今回は数字1と数字2の変数を用意しました。

```
🏁 が押されたとき
数字1 ▼ を 1 にする
数字2 ▼ を 0 にする
10 回繰り返す
  数字2 ▼ を (あ) + (い) にする
  (う) を 1 ずつ変える
数字2 と 2 秒言う
```

数字1、数字2という変数にどういう数字を入れれば良いか考えてみましょう。
悩んだら紙に書いたりしてみるのも良いでしょう。

```
▶ が押されたとき
数字1 ▼ を  1  にする
数字2 ▼ を  0  にする
10 回繰り返す
    数字2 ▼ を ( 数字2 + 数字1 ) にする
    数字1 ▼ を  1  ずつ変える
数字2 と  2  秒言う
```

実際に同じプログラムをつくってみて結果を見てみましょう。

　今回は「数字1」と「数字2」という変数を用意しました。「数字2」は計算結果を入れるための変数、「数字1」は+1, +2, +3・・・をするための変数とします。

　まず、「数字1」と「数字2」に最初に入れる数字を考えます。「数字1」は+1, +2をするための変数で、最初は1を入れます。「数字2」は計算結果を入れる変数ですので最初は0を入れます。次に、+1, +2と足していくプログラムを実現するために繰り返しを使います。今回は10まで数を足すので繰り返す回数は10回とします。

　次に、+1を実現します。少し、難しいのですが「数字2」には現在は0が入っています。それに「数字1」に入っている1を足してあげて「数字2」の中身を入れ替えます。

数字2 = 数字2 (0) + 数字1(1) とします。

　そうすると「数字2」には1が入ります。

　次に、+2を実現するため「数字1」に入っている数を1ずつ変えます。この動作を10回行えば55が導き出せるわけです。

Chapter 2 | 問題解決のための方法と手順 [アルゴリズムとデータ構造]

2-5 要素を1つの箱にまとめてみよう（配列）

本節では本棚を例に配列という考え方を学んでみましょう。

この図書館には本が10冊入る本棚があります。この本棚に入っている本には司書さんが探しやすいように番号1から番号10までの数字が振られています。

本棚	
番号 1	料理の「さしすせそ」
番号 2	プログラミング基礎
番号 3	寿司大全
番号 4	2進数のすべて
番号 5	牛はオブジェクト指向の夢を見るか？
番号 6	スマートフォンの使い方
番号 7	紅茶とコーヒー
番号 8	あいうえお辞典
番号 9	ＡＢＣ英会話
番号 10	ミュージック

しずおくんは司書さんに番号1の本が読みたいというと、司書さんは番号1に対応した［料理の「さしすせそ」］という本を持ってきてくれます。

もしくはＡＢＣ英会話という本が読みたいというと番号9の本であることを教えてくれます。

それでは、次のような場合はどうなるでしょうか？　空欄を埋めてみましょう。

56

回答　しずおくんは司書さんに「番号8」の本を読みたいと言いました。
司書さんが持ってきた本のタイトルは「　　　　」でした。
かおりちゃんは「2進数のすべて」という本を読みたいと言いました。
司書さんが教えてくれる本の番号は「　　　　」でした。

解答例　しずおくんは司書さんに「番号8」の本を読みたいと言いました。
司書さんが持ってきた本のタイトルは「あいうえお辞典」でした。
かおりちゃんは「2進数のすべて」という本を読みたいと言いました。
司書さんが教えてくれる本の番号は「番号4」でした。

解説　**配列**（もしくはリスト）は「あるデータ（もしくは要素）のまとまり」を入れた箱だと思ってください。たとえば、クイズの本棚を例に考えてみましょう。本棚には10冊の本が入っています。もし、この10冊の本が本棚に入っておらずバラバラに置かれていたらどうでしょうか？

「寿司大全」という本を読みたいとき司書さんは探してくるのは大変です。そのため、本を探しやすくするため、各本を本棚にしまった上で、番号を振ってあげることで管理しやすくなります。

本棚	
番号1	料理の「さしすせそ」
番号2	プログラミング基礎
番号3	寿司大全
番号4	2進数のすべて
番号5	牛はオブジェクト指向の夢を見るか？
番号6	スマートフォンの使い方
番号7	紅茶とコーヒー
番号8	あいうえお辞典
番号9	ＡＢＣ英会話
番号10	ミュージック

改めてクイズで考えてみましょう。クイズ自体は表を読み解けば回答できます。しかし、この「まとまり」をつくっておくとコンピュータに指示を与える際にデータが扱いやすくなります。

Chapter 2 | 問題解決のための方法と手順 [アルゴリズムとデータ構造]

プログラムで考えてみよう

解説とヒントを参考にしながら Scratch を使って配列のクイズにチャレンジしましょう。

プログラミング問題：配列を使ったプログラムを考えてみよう

名前の配列に以下の順番となるように表の要素を入れ、すべての要素を順番に言うプログラムを作成してください。

1番目	山田さん
2番目	佐藤さん
3番目	鈴木さん
4番目	田中さん
5番目	斎藤さん

なお、配列に値を入れる際、以下のようにしておくと良いでしょう。理由として、「名前（配列の名前）のすべてを削除する」ブロックを入れておかないとプログラムを実行するたびに、どんどん要素が追加されてしまうからです。

ヒント　配列のつくり方

クイズのヒントとして配列をつくってみましょう。つくる手順は基本的に変数と一緒です。変数のメニューから［リストを作る］をクリックします。

以下のウィンドウが出るので、「名前」というリストをつくってみましょう。新しいリスト名を「名前」と入力し、［OK］を押してください。

［OK］を押すと変数の項目の中に以下のブロックが追加されます。これらのブロックが配列用のブロックになります。

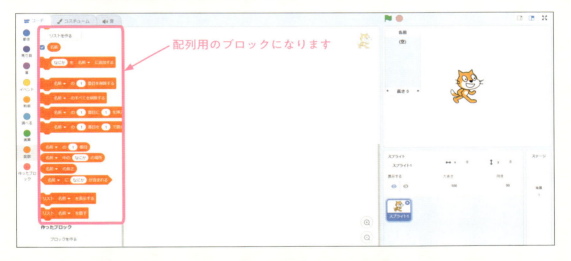

それではクイズ1の表の1番目に山田さん、2番目に佐藤さんを配列に追加してみます。

プログラムとしては以下となります。

配列の要素は、上にプログラムしたものから順番に入っていきますので、このプログラムを実行すると以下のようになります。

それでは、クイズ1のプログラムを残りの要素も追加して完成させてみましょう。

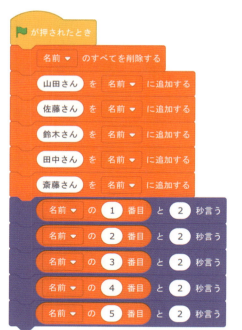

Scratchでは上から順番に要素が追加されます。また、追加された順番から1番目、2番目という番号が割り振られます。今回のプログラムでは1番目の要素は山田さんから始まり、5番目の要素が斎藤さんとなります。

プログラミング問題：繰り返しと配列の考え方を組み合わせてみよう

プログラム問題1で作成したプログラムの要素を言う部分を「繰り返し」を使ったプログラムに変更します。プログラムの空欄（あ）～（う）を埋めて完成させてみましょう。

ヒント 変数「数字」を用意して、その「数字」に数を入れるとよいです。また、｜名前▼ の長さ｜のブロックを使うと、配列に入っている要素の数を知ることができます。この数字を使うと繰り返す数を簡単に設定することができます。加えて、｜名前▼ の 数字 番目｜のブロックを使うと、指定した数字の番目の配列の要素を取り出すことができます。

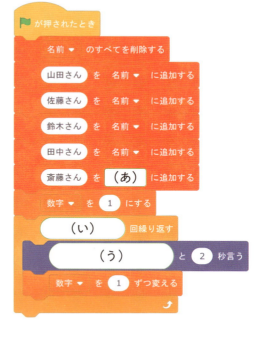

解答例

（ブロックプログラム：
旗が押されたとき
名前▼ のすべてを削除する
山田さん を 名前▼ に追加する
佐藤さん を 名前▼ に追加する
鈴木さん を 名前▼ に追加する
田中さん を 名前▼ に追加する
斎藤さん を 名前▼ に追加する
数字▼ を 1 にする
名前▼ の長さ 回繰り返す
　名前▼ の 数字 番目 と 2 秒言う
　数字▼ を 1 ずつ変える）

解説 配列の要素は順番通りに格納されているので、その要素を取り出すため、番号を表す変数を用意してあげます。その変数には最初「1」という数を入れて、繰り返しのたびに1ずつ変えてあげれば、配列の要素を順番に知ることができます。

2-6 配列の考え方をさらに深めよう（配列の応用）

配列の応用1：ソート

クイズ

学校でお昼の集会に出るためたくさんの生徒が教室から廊下に出たところ、背の高さがバラバラに一列に並んでいました。集会には背の順に並んで出る必要があります。生徒たちが廊下で、背の低いほうから順に一列に並ぶためにはどうすれば良いでしょう？

選択肢

1. 一番背の低い生徒が一番前に移動し、一番背の高い生徒が一番後ろに移動する。
2. 皆でまったくでたらめに並びかわって背の順になっているかどうかを確認し、なっていなければまた皆で並びかわることを繰り返す。
3. 前後で背の順が異なる場合にその前後で入れ替わることを、先頭から最後まで順に繰り返す。
4. 前後で背の順が異なる場合にその前後で入れ替わることを、先頭から最後まで順に繰り返し、続いて最後から2番目まで繰り返し、続いて最後から3番目まで繰り返し…、ということを先頭まで繰り返す。

回答

解答例
4. 前後で背の順が異なる場合にその前後で入れ替わることを、先頭から最後まで順に繰り返し、続いて最後から2番目まで繰り返し、続いて最後から3番目まで繰り返し・・・、ということを先頭まで繰り返す。

解説

1. は間違いです。先頭と最後が正しくとも、途中の生徒が背の順になっているとは限りません。

2. は間違いです。まったくでたらめに並びかわるということを繰り返しているだけでは、いつ背の順に並べるのか見当もつきません。

続いて、前後で入れ替わるということを考えてみます。まずは簡単に、生徒が2人だけの場合はどうでしょうか？ 2人が背の低い順に並んでいなければ、次の図のように2人が入れ替われば良いわけです。

続いて3人の場合を考えてみます。先ほどの背の順が異なる場合にその前後で入れ替わるということを、先頭から最後まで繰り返してみるとどうでしょうか？ 次の図のように背の一番高い生徒が一番後ろへ移動しますが、背の順になっていないところが途中に残ってしまいます。

つまり、3. は間違いです。

そこで、背の一番高い生徒が一番後ろへ移動したら、続いて2番目に背の高い生徒が後ろから2番目へ移動するように、背の順が異なる場合にその前後で入れ替わるということを再び、最後から2番目まで繰り返せば良いことになります。これで次の図のように背の順に並べました。

整理すると、「前後で背の順が異なる場合にその前後で入れ替わることを、先頭から最後まで順に繰り返し、続いて最後から2番目まで繰り返し、続いて最後から3番目まで繰り返し…、ということを先頭まで繰り返す」となります。

このアルゴリズムは、より多くの生徒に対しても使えます。たとえば、次の図のように4人がばらばらに並んでいる場合にも、先頭から前後で入れ替わるということを繰り返していくことで、背の一番高い生徒が最後に移動し、続いて2番目に高い生徒が最後から2番目に移動して…ということを繰り返して最後には背の順に並ぶことになります。

こういった並び替えを「ソート（整列）」といい、生徒の並び以外にもさまざまな要素の並び替えに使えます。ソートの仕方はさまざまなものがあります。今回のアルゴリズムは、前後での入れ替えを繰り返すことで要素が泡（バブル）のように浮きあがってくることから「バブルソート」と呼ばれています。

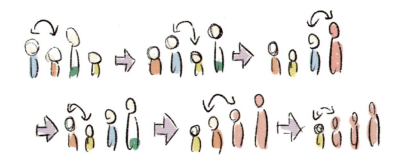

まとめ

配列は「ある物のまとまり」の各要素に番号を付けて管理するという考え方です。各要素が番号で管理されるので、要素を取り出したり、並び替えたり、検索したりを非常に楽に行うことができます。プログラムをつくる際もこの配列の考え方、使い方を知っていると多くのデータを一度に扱うことができ、非常に便利です。

キーワード　配列、インデックス、要素

Scratch プログラミングのクイズ

プログラミング問題：ソートを使って配列の要素を並び替えてみよう

　Scratch の配列（リスト）である並びに、生徒の背の高さの数が入っているとします。このとき、次の Scratch プログラムの空欄（あ）〜（え）を埋め完成させて、さきほどのアルゴリズムを実現し、生徒の並び替えをコンピュータに自動的に行わせましょう。

　プログラムでは、最初に、5名の生徒の背の高さを並びに入れています。そこで並びの長さは 5 になります。

　続いて、1番目に背の高い生徒を最後に移動させて、2番目に背の高い生徒を最後から2番目に移動させて・・・ということを4回（並びの長さ - 1回）繰り返します。この繰り返しの回数を変数 回数 に入れておくと、「最後から○番目」とは「最後から 回数 番目」と表すことができます。これは逆に先頭から数えると、「先頭から 並び▼ の長さ - 回数 + 1番目」と表すことができます。たとえば1番目に背の高い生徒は、 回数 が1のときに、最後から1番目に移動させることになり、先頭から 5 - 1 + 1 = 5番目に移動させることになります。続いて2番目に背の高い生徒は、 回数 が2のときに、先頭から 5 - 2 + 1 = 4番目に移動させれば良いわけです。それぞれの繰り返しの中では、並びの先頭から、移動させたいところの直前（つまり並びの先頭から 並び▼ の長さ - 回数 番目）まで順に、そのすぐ後ろと比べて、背の順が異なる場合は入れ替えていきます。

　配列中の数を前後で入れ替えるためには、工夫が必要です。前の数をそのまますぐ後ろの数で置き換えてしまうと、もともとの前の数がわからなくなってしまうためです。そこで、入れ替える先の数（前の数）をいったん変数 一時的な数 に入れておくと良いでしょう。

Chapter 2 | 問題解決のための方法と手順［アルゴリズムとデータ構造］

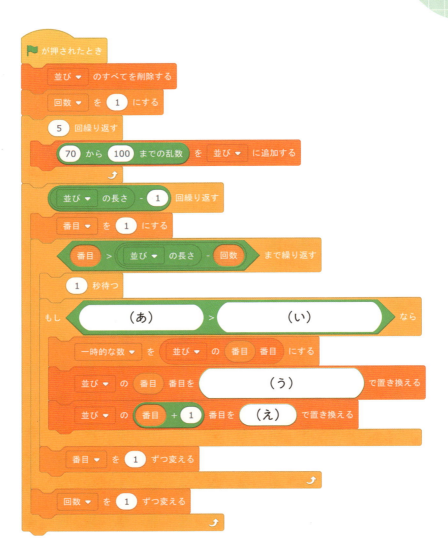

解答例 次のようにして、配列中の前後で背の高さを比べて、前のほうが後ろよりも高い場合は入れ替えます。入れ替えるためには、前の数を忘れないように変数 `一時的な数` に入れておきます。続いて、前の数を後ろの数で置き換えて、最後に、後ろの数を変数 `一時的な数` で置き換えます。

```
🏁 が押されたとき
  並び▼ のすべてを削除する
  回数▼ を 1 にする
  5 回繰り返す
    70 から 100 までの乱数 を 並び▼ に追加する
  並び▼ の長さ - 1 回繰り返す
    番目▼ を 1 にする
    番目 > 並び▼ の長さ - 回数 まで繰り返す
      1 秒待つ
      もし 並び▼ の 番目 番目 > 並び▼ の 番目 + 1 番目 なら
        一時的な数▼ を 並び▼ の 番目 番目 にする
        並び▼ の 番目 番目を 並び▼ の 番目 + 1 番目 で置き換える
        並び▼ の 番目 + 1 番目を 一時的な数 で置き換える
      番目▼ を 1 ずつ変える
    回数▼ を 1 ずつ変える
```

配列の応用2：探索

以下の本棚があるとします。「紅茶とコーヒー」という本を探したいです。繰り返しの考え方と合わせて、この本が何番目にあるか調べる方法を回答してください。

本棚	
番号1	料理の「さしすせそ」
番号2	プログラミング基礎
番号3	寿司大全
番号4	2進数のすべて
番号5	牛はオブジェクト指向の夢を見るか？
番号6	スマートフォンの使い方
番号7	紅茶とコーヒー
番号8	あいうえお辞典
番号9	ＡＢＣ英会話
番号10	ミュージック

回答

解説　あるデータを探したいときは探索という考え方を使用することができます。まず、単純な探索の方法として、上で使った本棚の表で考えてみましょう。まず、単純に順番に調べていく方法があります。

手順としては以下のようになります。

手順1　本を順番（最初は番号1）に本棚から取り出す。
手順2　本のタイトルと探しているタイトルが一致するか調べる。
手順3　一致しなければ、手順1に戻る。一致していれば手順4に進む
手順4　本の番号を表示し、手順を終了する。

この方法を線形探索と呼びます。

次にもう少し、効率の良い探索方法を考えてみましょう。まず、上の本棚を「あいうえお順」に整列させておきます。

本棚	
番号 1	あいうえお辞典
番号 2	牛はオブジェクト指向の夢を見るか？
番号 3	ＡＢＣ英会話
番号 4	紅茶とコーヒー
番号 5	寿司大全
番号 6	スマートフォンの使い方
番号 7	2進数のすべて
番号 8	プログラミング基礎
番号 9	ミュージック
番号 10	料理の「さしすせそ」

整列された本棚を使って、以下の手順で探索を行います。

手順1　本棚に入っている真ん中の本のタイトルと探したいタイトルを比べる。手順2へ進む

手順2　真ん中の本のタイトルと探したい本のタイトルが一致していれば手順3に進む。
探したい本のタイトルの"あいうえお順"が真ん中の本のタイトルより前か後ろかを調べる。前の場合は、真ん中の本より前に探したい本がある。後ろの場合は、真ん中の本より後ろにある。この前もしくは後ろを一時的に別の本棚として、手順1に戻る

手順3　探索終了

このように、データを整列させておけば、線形探索のように最初から、調べる必要がなく、欲しいデータがありそうな半分だけに絞って調べていくため効率の良い方法です。この方法を二分探索といいます。

プログラムで考えてみよう

解説とヒントを参考にしながら Scratch を使って探索のクイズにチャレンジしましょう。

プログラミング問題：探索のアルゴリズムをプログラムで考えてみよう

以下の表から 400 を探すためのプログラムを探索の考え方を使って作成してください。

1番目	100
2番目	200
3番目	300
4番目	400
5番目	500

 次のプログラムの空欄（あ）〜（う）を埋めることでプログラムを完成させることができます。

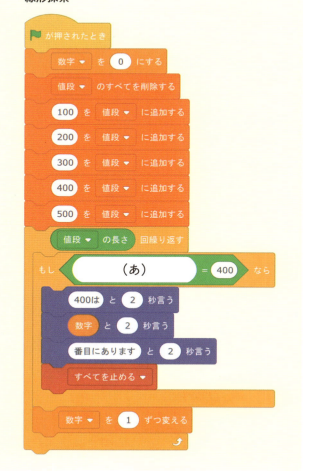

二分探索

```
▶ が押されたとき
値段 ▼ のすべてを削除する
100 を 値段 ▼ に追加する
200 を 値段 ▼ に追加する
300 を 値段 ▼ に追加する
400 を 値段 ▼ に追加する
500 を 値段 ▼ に追加する
検索値 ▼ を -1 にする
前 ▼ を 1 にする
後 ▼ を 値段 ▼ の長さ にする
   検索値 = -1 ではない または 前 < 後 + 1 ではない まで繰り返す
       真ん中 ▼ を 前 + 後 / 2 の floor ▼ にする
   もし （い） = 400 なら
       検索値 ▼ を 真ん中 にする
   でなければ
       もし （う） < 400 なら
           前 ▼ を 真ん中 + 1 にする
       でなければ
           後 ▼ を 真ん中 - 1 にする
検索値 と 2 秒言う
```

Chapter 2 | 問題解決のための方法と手順 [アルゴリズムとデータ構造]

 線形探索

```
■が押されたとき
数字 ▼ を 0 にする
値段 ▼ のすべてを削除する
100 を 値段 ▼ に追加する
200 を 値段 ▼ に追加する
300 を 値段 ▼ に追加する
400 を 値段 ▼ に追加する
500 を 値段 ▼ に追加する
値段 ▼ の長さ 回繰り返す
    もし 値段 ▼ の 数字 番目 = 400 なら
        400は と 2 秒言う
        数字 と 2 秒言う
        番目にあります と 2 秒言う
        すべてを止める ▼
    数字 ▼ を 1 ずつ変える
```

二分探索

```
■が押されたとき
値段 ▼ のすべてを削除する
100 を 値段 ▼ に追加する
200 を 値段 ▼ に追加する
300 を 値段 ▼ に追加する
400 を 値段 ▼ に追加する
500 を 値段 ▼ に追加する
検索値 ▼ を -1 にする
前 ▼ を 1 にする
後 ▼ を 値段 ▼ の長さ にする
検索値 = -1 ではない または 前 < 後 + 1 ではない まで繰り返す
    真ん中 ▼ を 前 + 後 / 2 の floor ▼ にする
    もし 値段 ▼ の 真ん中 番目 = 400 なら
        検索値 ▼ を 真ん中 にする
    でなければ
        もし 値段 ▼ の 真ん中 番目 < 400 なら
            前 ▼ を 真ん中 + 1 にする
        でなければ
            後 ▼ を 真ん中 - 1 にする
検索値 と 2 秒言う
```

解説

　どちらの探索の方法でも重要になってくるのは配列の要素の順番をどのように扱うかです。線形探索の場合は純粋に配列の要素を上から調べていきます。そのため、配列の要素がソートされている必要はありません。しかし、探したい値が、配列の一番最後の要素であったりすると見つけるのに時間がかかってしまう場合があります。

　二分探索の場合は、前提条件として配列の要素がソートされている必要があります。クイズではあらかじめソートされていたので、このまま二分探索を行いました。二分探索の場合、重要になってくるのが、配列の真ん中の要素です。真ん中の要素より小さい値なら、それより前の要素だということがわかりますし、大きい値ならそれより後の要素だということがわかります。このため、調べる範囲は線形探索より少なくて済むわけです。

まとめ

配列は、複数ある要素を1つのまとまりとしてまとめることで、要素を探しやすくしたり、並び替えをしたりするための考え方でした。Scratchで配列を使う場合、要素を配列に入れていくのが少し大変ですが、一度つくってしまえば、繰り返しで配列の中の要素を取り出したり、並び替えたりすることができました。

Chapter 2 | 問題解決のための方法と手順 [アルゴリズムとデータ構造]

2-7 複数の指示を1つの指示にまとめよう（関数）

本節では関数の考え方について学習していきます。

特定の動作や指示をまとめているものを考えてみよう。私たちの生活の中で、特定の動作や指示をまとめているものは多くあります。どんなものがあるでしょうか？1つ答えてください。

 _____

 スマートフォンの説明書，プラモデルの組み立ての手順書 など

関数とは、「処理や指示」のまとまりです。料理のレシピを想像してみましょう。料理のレシピは料理をつくるための指示書ともいえますが、料理をつくるための関数ととらえることもできます。レシピだと少し工程が多いので、もう少し簡単に、カップラーメンをつくることを考えてみましょう。

カップラーメンをつくる手順を以下のように考えてみましょう。

❶ フタをあける
❷ お湯を注ぐ
❸ フタを閉じる
❹ 3分待つ

この手順を「カップラーメンをつくる」という「ひとまとまり」にします。私たちであれば、カップラーメンをつくる手順は、なんとなく「ひとまとまり」の手順として考えることができます。

コンピュータの場合、プログラムによってこれを表現しなくてはなりません。つまり、この「ひとまとまり」があると手順を表現するときに非常に楽になるのです。

カップラーメンを3つつくるということをコンピュータ的に考えてみましょう。上に書いたような「ひとまとまり」にしなかった場合どうなるでしょう？次のように表現することとなります。

1. フタを開ける
2. お湯を注ぐ
3. フタを閉じる
4. 3分待つ
5. フタを開ける
6. お湯を注ぐ
7. フタを閉じる
8. 3分待つ
9. フタを開ける
10. お湯を注ぐ
11. フタを閉じる
12. 3分待つ

これを先ほどの「ひとまとまり」にして表現をしてみましょう。

「カップラーメンをつくる」ひとまとり

1. フタを開ける
2. お湯を注ぐ
3. フタを閉じる
4. 3分待つ

この「ひとまとり」を使って次のように表現できるでしょう。

カップラーメンをつくる

カップラーメンをつくる

カップラーメンをつくる

このように**関数**を使うと、非常にシンプルにプログラムを表現できます。

Chapter 2 | 問題解決のための方法と手順 [アルゴリズムとデータ構造]

掃除ロボットを例に関数を考えてみよう

この掃除ロボットは次の2つのフロアを掃除するとします。このとき、関数「動き」をつくってください。どちらのフロアも同じプログラムで掃除ができるようにします。

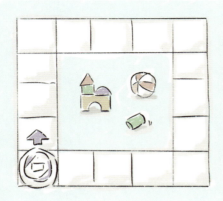
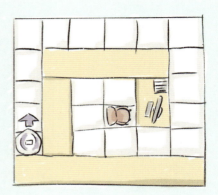

掃除ロボットには以下の指示を出すことが可能として、次のようなプログラムを作成しました。
このプログラムの一部を関数に変更してください。

使える指示
- 前に進む
- 右を向く
- 左を向く
- プログラムを止める

回答 関数：関数名「動き」
「　　　　　　　」、もし壁にぶつかったら「　　　　　　」
すべてのマスを掃除したら「　　　　　　　　　」

フロアを掃除するプログラム
「　　　　」を「　　　」繰り返す

関数：関数名「動き」

「前に進む」、もし壁にぶつかったら「右を向く」

すべてのマスを掃除したら「プログラムを止める」

フロアを掃除するプログラム
「動き」を「ずっと」繰り返す

クイズ1と逆周りに掃除をしたい場合、クイズ1での関数「動き」のある値を変えられるようにしてあげると良いです。

その値は何でしょうか？

  _____

向き

解説　関数「動き」を用意してあげるだけで、右回りで掃除できるフロアすべてに対応ができます。つまり、右回り専用の掃除ロボットをつくる場合は、この関数「動き」をプログラムとして呼び出してあげると、簡単にプログラムがかけてしまう利点があります。

さて、左の向きに対応したい場合はどうしたら良いでしょうか？

たとえば、「動き」という関数に掃除ロボットが向く向きを設定できたらどうでしょうか？

向きを設定できるとして、以下のような関数を考えてみます。

関数：関数名「動き」に「向き」を設定できるようにする
　　　「前に進む」、もし壁にぶつかったら設定した「向き」を向く
　　　すべてのマスを掃除したら「プログラムを止める」

「動き」に「左を向く」を設定して「ずっと」繰り返す。

このように、関数の指示にあらかじめ、設定しておくことができる値（この例では、「向き」）を引数と呼びます。この引数は関数をつくるときに一緒に用意してあげ、関数内で使うことで、関数を使うときに、関数の指示を変えることができるわけです。

まとめ

関数は「処理や指示」のまとまりであり、このまとまりをつくっておくことで、手順をつくる際、非常に便利です。この考えをプログラミングに生かすことで、複雑な処理をコンピュータに行わせられるようになります。たとえば、配列の要素をソートしてくれる関数や複雑な計算をしてくれる関数をあらかじめ用意しておけば、毎回、複雑なプログラムをつくる必要がなくなるということです。

プログラムで考えてみよう

解説とヒントを参考にしながら Scratch を使って関数のクイズにチャレンジしましょう。

プログラミング問題：引数をもった関数をつくってみよう

[num1] と [num2] という 2 つの引数を用意して、それらの四則演算（足し算、引き算、掛け算、割り算）を行い、計算結果を表示する以下の関数の（あ）～（え）を埋めてを完成させ、その関数の引数に [num1] に 10、[num2] に 5 を入れて結果を表示しましょう。

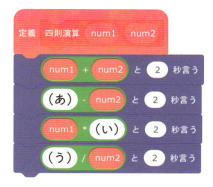

 関数のつくり方

関数のつくり方を説明します。［作ったブロック］を選択して、［ブロックを作る］をクリックします。

ブロックをつくるウィンドウで、［引数を追加（数値またはテキスト）］を2回クリックしてください。次の図のようになればOKです。
なお、関数名は「四則演算」、引数名は「真偽値」です。

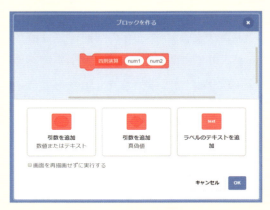

［OK］を押すと以下のようになります。

つくった引数は、ドラッグアンドドロップで移動でき、変数と同じように扱うことができます。ただし、関数内でしか使えまません。

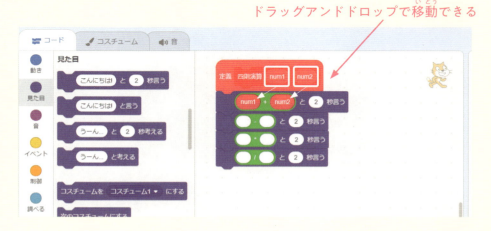

ドラッグアンドドロップで移動できる

では、続きをつくってみましょう。なお、関数の呼び出しは以下のようにします。

解説

　関数をつくることによって、四則演算を行うための命令をひとまとめにできました。
　この関数を呼び出せば、自分の好きな数字の四則演算をすぐに行うことができます。
　このほかにも命令をまとめればさまざまな関数をつくることができます。

応用：再帰

関数は別の関数からでも呼び出すことができます。また、関数の中で自身を呼び出す、再帰という考え方があります。

：再帰を使ったプログラミングにチャレンジ

１＋２＋３＋４＋５＋６＋７＋８＋９＋１０の答えを出すプログラムを下のプログラムの空欄（あ）の箇所を埋めて完成させてください。

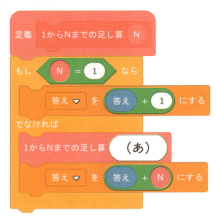

なお、繰り返しを使った場合は右のようなプログラムでした。

１から１０までの足し算を再帰で行う場合、まず、１から９までの足し算を考えてあげます。その答えに１０を足してあげれば答えが出ます。
式にしてみると以下のようになります。
　　　１０までの足し算の和＝９まで足し算の和　＋　１０

続いて、同じ考えで9までの足し算の和はどうなるでしょうか？

　　　9までの足し算の和＝8まで足し算の和　＋　9

これを1の足し算の和まで続けると、次のようになります。

　　　1まで足し算の和＝0まで足し算の和　＋　1

つまり、「求める数の足し算の和」から「1引いた和」と「求める数」を足してあげれば良いのです。この求める数をNとすると次の式が成り立ちます。

　　　Nまでの足し算の和　＝　N－1までの足し算の和＋N

この考えをScratchを使ってプログラミングしてみましょう。

　　ヒントの考えを Scratch でつくると解答例のようになります。Nまでの足し算の和は「答え」という変数にしました。「答え」の最初の値は何も数字が足されてないので0とします。

　　次に「1からNの足し算」という関数を用意して、Nを引数にしました。

　　あとは、ヒントの考えに沿って関数の中身をプログラミングします。

　　なお、Nが1のときの和の答えは1になりますので、条件分岐を使ってN＝1のときは「答え」に1を足すようにしています。それ以外のときは「Nまでの足し算の和　＝　N－1までの足し算の和＋N」の考えで足し算が行われます。

　　この再帰という考え方は、最初は難しく感じると思いますが、使っているうちに、慣れてくるはずです。

: 再帰を使って二分探索をつくってみよう

　[配列]の節で使った、次の値段表から400という値を探すためのプログラムを再帰と二分探索の考え方を使って次のプログラムの空欄（あ）～（う）を埋めて、完成させてください。

順番	値段（円）
1番目	100
2番目	200
3番目	300
4番目	400
5番目	500

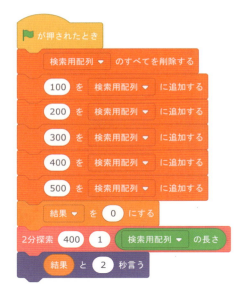

解答例

実行結果

解説

今回は4番目にありますので「4」と表示されれば成功です。ここでのプログラムの作成のコツは配列を学んだときに二分探索がどのような考えだったかを思い出すことにあります。探したい値の大きさが、配列の前後の何番目に入っている値に対して大きいか小さいかの判定をすることが重要になります。

こちらもプログラミングをしてみて、どのように動いているか紙などに書いて確かめてみるとより、理解できます。

Chapter 2 | 問題解決のための方法と手順 [アルゴリズムとデータ構造]

2-8 メッセージ

Ａさん一家（Ａさん、Ｂさん、Ｃさん、Ｄさん）は、Ａさんが「ごはんができた」というと、全員、食卓に集まりご飯を食べ始めます。このとき、Ｂさん、Ｃさん、Ｄさんがごはんを食べるきっかけになった言葉は何でしょうか？

Ｄさんは何の言葉を受け取ってご飯を食べ始めたか、クイズの文章中にある言葉から考えてみましょう。

回答 ＿＿＿＿＿＿＿＿＿＿＿＿＿＿＿＿＿＿＿＿＿＿＿＿

解答例　「ごはんができた」

解説

　メッセージは手紙に似ています。たとえば、A さんは B さんに手紙を書いたとします。B さんは A さんから手紙を受け取ると返事を書くという行動をすると思います。これがメッセージの考え方です。手紙を送る人数が B さん、C さん、D さんと増えたとしても、B さん、C さん、D さん全員が A さんに「返事を書く」という行動をするはずです。

　さらに、B さん、C さん、D さんは A さんの手紙を受け取ったら、「B さんは返事を書く」、「C さんは切手を買いに行く」、「D さんは便せんを探す」のように、手紙を受け取った人ごとに違う行動をすることもあります。

　メッセージとは、受け取り側が次の動作を起こすための合図のことです。

Chapter 2 | 問題解決のための方法と手順［アルゴリズムとデータ構造］

プログラムで考えてみよう

ヒントを参考にしながらScratchを使ってメッセージのクイズにチャレンジしましょう。

プログラミング問題：メッセージを使ったプログラムをつくってみよう

次のプログラムにブロックを追加して、で囲ったスクラッチキャットが「こんにちは！」と2秒言ったら、ほかのスプライトすべてが「やあ！」と5秒言うプログラムを完成させてください。

なお、で囲った猫以外のスプライトはすべて同じプログラムとします。

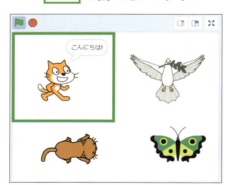

で囲ったプログラム　　　　それ以外のスプライトプログラム

ヒント　Scratchでメッセージを説明します。まずは3つ好きなスプライトを追加しましょう。

［イベント］の中にあるブロックを使うことによってこのプログラムをつくれます。

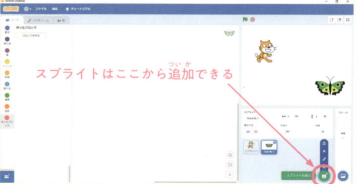

88

解答

解説

　さて、クイズのプログラムを実現するにはさまざまな方法が考えられます。たとえば、「こんにちは」と「2秒間」言うのだから、2秒後にほかのスプライトに「やあ！」と言わせるといったプログラムでも良いわけです。

つまり、□で囲ったスクラッチキャット以外のスプライトのプログラムを以下のようにします。

　しかし、これだと限られた範囲でしか対応できなくなってしまいます。そこで、柔軟に対応できるようにメッセージという考え方を使います。このメッセージを送ることで、別のスプライトやプログラムを操作できます。

　やり方としては□で囲ったスクラッチキャットのスプライトのプログラムを左のプログラムのようにします。ほかのスプライトのプログラムを右のプログラムのようにします。

　そうすると、□で囲ったスクラッチキャットが「こんにちは」と言い終わってから、ほかのスプライトが「やあ！」と言っていることがわかります。このメッセージはすごく便利であることがわかります。

　メッセージを送ることによって、そのメッセージを受け取った複数のスプライトを同時に動かすことができます。また、スプライトごと動きを変えることもできます。

Chapter 2 | 問題解決のための方法と手順 [アルゴリズムとデータ構造]

このスプライトが送ったメッセージを複数のスプライトで受け取れる

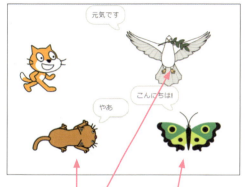

メッセージを受け取った各スプライトは、それぞれ別の動作にすることもできる

> **まとめ**
>
> **メッセージ**とは、**メッセージ**を受けた相手が行動を起こすための合図です。たとえば、手紙という合図で、「返事をする」や「切手を買う」などの行動が起きます。また、この考え方はScratchにおいて、あるスプライトのプログラムを動かしてから、別のスプライトを動かすための合図として使えます。

Chapter 3 ものごとの仕組みを単純化する、未来を予測する [モデル化とシミュレーション]

- 3-1 モデル化とシミュレーションとは
- 3-2 分けて考えてみよう（分解と組み立て）
- 3-3 共通の性質をまとめてみよう（一般化）
- 3-4 重要なところのみ注目してみよう（抽象化）
- 3-5 簡単にした図で考えてみよう（モデル化）
- 3-6 さまざまな未来を予想してみよう（シミュレーション）
- 3-7 すじみちを立てて考えてみよう（論理的推論）
- 3-8 モデル化とシミュレーションのまとめ

3-1 モデル化とシミュレーションとは

　この章では、扱いたいものごとの特徴に基づいて整理し、未来やさまざまな場合にどうなるのかを予想する考え方を学びます。人がしたいと思う難しそうなことを人やコンピュータにしてもらうためには、まずは小さく分けてそれぞれ簡単に扱い、その結果を組み立てることが重要です。

　組み立ての方法としては、2章で学んだように、順に進める順次（逐次）実行や、条件に応じて行動を変える条件分岐、行動を繰り返す繰り返しなどがあります。

　分けることを分解といいます。分けてみると、一見異なるようなことも、似たところがあることがわかります。似たところをまとめることを一般化といいます。似たところのみを考えれば難しそうなことを単純にできます。このように、大切なところを考えて、大切でないところは気にしない考え方を抽象化といいます。単純にしたことは、自分自身が簡単にわかるだけでなく、遠く離れた人や、未来の見知らぬ人へも伝えやすくなります。

　さらに、単純にしたことを図や絵で整理すると、みんながわかるようになります。また、図や絵を見ながら、さまざまな未来を想像しやすくなります。このように、実際のものやことの代わりに、抽象化して簡単にした結果を図や絵などで整理することをモデル化といいます。その上でさまざまな未来を予想することをシミュレーションといいます。

これらをそのつど行き当たりばったりで進めると、大変で時間がかかるばかりか、間違った結果になりかねません。そこで、すじみちを立てて考えを一つひとつ組み立てていくことが大切です。きちんとすじみちを考えることを論理的推論といいます。

以降ではいくつかのクイズに答えながら、これらの考え方を学びましょう。

これから学ぶことの大まかな流れは次の図のとおりになります。

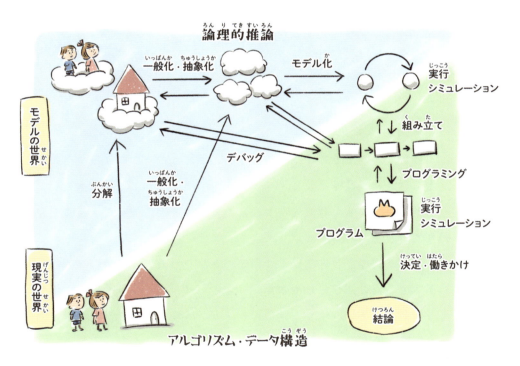

3-2 分けて考えてみよう（分解と組み立て）

3.2.1 分解と組み立てのプログラミング的思考

クイズ

かおりちゃんは離れたところに住んでいるしずおくんと、同じようなサンドイッチをそれぞれたくさんつくってピクニックに持っていき、たくさんの友達に配ることになりました。かおりちゃんは、サンドイッチのつくり方を考えて、しずおくんに電話で伝えておきたいと思います。しずおくんへ伝える内容を考えてください。

 ヒント

ただ「サンドイッチをつくってこよう」と伝えると、かおりちゃんさんとしずおくんとでは大きく違ったサンドイッチをつくってくることになるでしょう。それはそれで楽しいかもしれませんが、たくさんの友達に配るとなると形や味の違いが気になります。

サンドイッチのつくり方をいくつかの小さなやり方に分ければ、離れたところにいるしずおくんにも伝わりやすくなります。まずはサンドイッチが何からできているか考えて、その準備から始めましょう。準備する食材は食パン2枚、レタス、ハムです。そしてパンの上に必要な食材をのせていきましょう。

次の1.~7.までを順番に行う。
1. 食パン2枚、レタス、ハムを用意する。
2. _____
3. _____
4. _____
5. _____
6. _____
7. _____

回答例
1. 食パン2枚、レタス、ハムを用意する。
2. 食パン、レタス、ハムの形を三角形にする。
3. 食パンを置く。
4. 食パンのうえにレタスを置く。
5. レタスのうえにハムを置く。
6. ハムのうえにレタスを置く。
7. レタスのうえに食パンを置く。

 難しそうなことを扱う第一歩は、誰でも、それがコンピュータであってもわかるような小さく単純なことへ分けること（分解）です。ただし、分けたらあとで組み立てなければなりません。そこで、分けた単純なことの間の関係も整理して伝える必要があります。関係の種類としては、1番目2番目・・・といった順番もあれば、単に関係があるという場合もあります。

Chapter 3 | ものごとの仕組みを単純化する、未来を予測する ［モデル化とシミュレーション］

　かおりちゃんは複雑なサンドイッチを、食パンやレタス、ハムという単純な食材にいったん分けました。そして、食材を使ったサンドイッチの組み立て方を、順番のあるやり方として伝えることにしました。

　料理の世界では食材や量、手順を合わせてレシピと呼びます。複雑な料理そのものを届けなくとも、食材に分けて組み立てるレシピさえわかれば、誰でも似たような料理を再現できます。

　コンピュータの世界では、データとプログラムがレシピにあたります。複雑なコンピュータや動かした結果そのものを届けなくとも、必要なデータとそれを扱う手順としてのプログラムさえわかれば、誰でもほかのコンピュータを用いて動かした結果を再現できます。

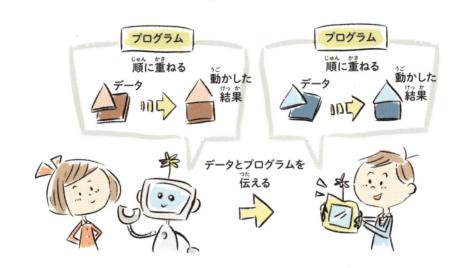

　ほかにも難しそうに見えることがたくさんあります。たとえば、しずおくんが自分の家の床をくまなくロボットに掃除させたいとしたら、そのロボットはさまざまなことができる必要があります。そこでロボットができる必要のあることに分解してあげて、その間の関係を考えましょう。
　たとえば、床の上をくりかえし動き続けたり、床の上のゴミをひろったりできるとします。そして、できることの間に関係があれば、それも書いてください。

回答

家の床をくまなく掃除する

▶ 床の上をくりかえし動き続ける。

▶ 動いている間に…

▶ もし…

ゴミをひろう前に、ゴミを探す必要があります。そこで前の章で学んだ**条件分岐**の考え方を使って探し、もしゴミがあればひろうという**組み立て**にします。そして家の床をくまなく掃除させるためには、探してゴミをひろうことを、**移動**しながらずっとし続ける必要があります。これは、前の章で学んだ**繰り返し**の考え方にあたります。

解答例

家の床をくまなく掃除する

▶ 床の上をくりかえし動き続ける。

▶ 動いている間にゴミを探す。

▶ もしゴミがあれば、ゴミをひろう。

3.2.2 分解と組み立てのScratchプログラミング

プログラミング問題：スクラッチキャットに床を掃除させるプログラム

　しずおくんはプログラムを書いて、スクラッチキャットに家の床をずっと掃除させつづけようと考えています。スクラッチキャットがわかるように、行う必要のある小さなことへと分解し、プログラムとして組み立ててください。

　床の掃除は、スクラッチキャットが「床の上を移動すること」と、「ゴミがあれば無くすこと」に分解できます。図を埋めて、さらにそれぞれを分解しましょう。たとえば、移動することは、上下左右に動くことへと分解できます。そして、それらを「ずっと」繰り返せば、床をずっと掃除し続けられます。

　図の中で大まかに検討したら、さらに詳しくプログラムを考えます。まずは移動させるところまで完成させましょう。

　たとえば、スクラッチキャットを右へ動かしたければ、「もし 右向き矢印 キーが押されたなら」に続いて、「x 座標を 10 ずつ変える」とすれば良いことになります。

　Scratchではステージ上の位置を、以下の図のように横方向のx座標と、縦方向のy座標で指定します。ステージの上の端はy座標が180、下の端はy座標が-180、右の端はx座標が240、左の端はx座標が-240になります。

　たとえば、以下の図においてスクラッチキャットの位置は、x座標が200、y座標が100になります。

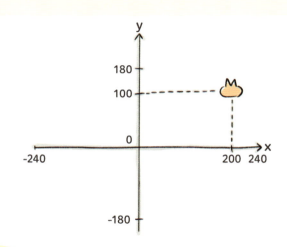

回答

やり方の分解：

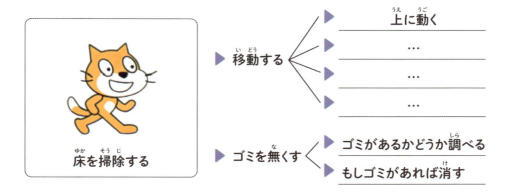

スクラッチキャットのプログラム：上向きは例示しておきます。

Chapter 3 | ものごとの仕組みを単純化する、未来を予測する [モデル化とシミュレーション]

解答例 やり方の分解:

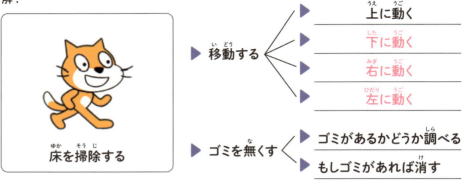

スクラッチキャットのプログラム:

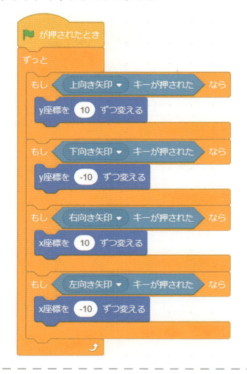

　複雑なことをコンピュータで扱うためには、まずはコンピュータが行える単純なことへと分けます。そして、単純なことの間の関係を考えて、プログラムとして組み立てます。

　しずくくんは床の掃除のやり方を「上下左右に移動すること」と、「ゴミを無くすこと」に分解し、移動することをスクラッチキャットがわかる命令にしました。上下左右への移動の間には関係はなく、いつでも繰り返せる必要があります。

　そこで、全体の繰り返しの中に上下左右の移動を入れました。また、「ゴミを無くすこと」は「ゴミがあるかどうか調べること」と「もしゴミがあれば消すこと」に分解しました。

：スクラッチキャットに床を掃除させるプログラム

　続いてさらに、ゴミを無くせるようにプログラムを変えましょう。分解してわかったように、ゴミがあるかどうか調べることと、ゴミを消すことの間に関係があり、前のほうでゴミがある場合に限って、後ろのほうを実行します。

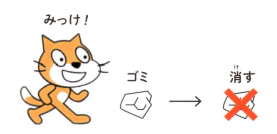

　そこで最初に、ゴミとして消したい好きなスプライトを選んで登場させます。以下の例ではボール（Ball）を登場させています。続いてスクラッチキャットのプログラムへ以下のように「もし… なら ～ 」という命令を追加し、スクラッチキャットがゴミに触れたら、「ごみをひろう」というメッセージを投げるようにしましょう。

　そして、ゴミのプログラムについては、「ごみをひろう」というメッセージを受け取ったら、ゴミ自身を隠すようにしましょう。

Chapter 3 | ものごとの仕組みを単純化する、未来を予測する ［モデル化とシミュレーション］

回答

スクラッチキャットのプログラム：

ゴミのプログラム：

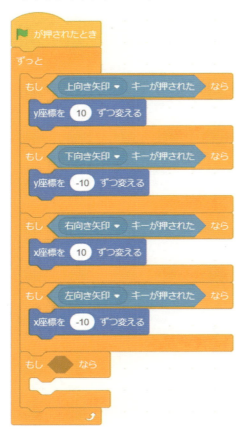

ゴミのスプライトとしてBall（ボール）を選んだ場合は以下のようになります。

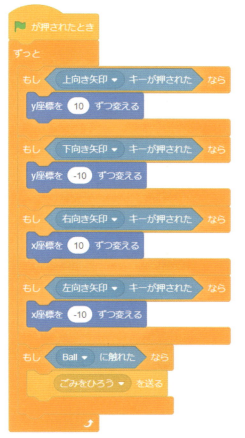

まとめ

　このクイズでは、難しそうに見える複雑なことを小さく単純なことへと分けて、組み立てに必要な関係を整理する**分解**の考え方を学びました。分解することで、ほかの人やコンピュータへと正確に伝えやすくなります。さらに、自分自身としてもわかりやすく理解できるようになり、同じことを繰り返せるようになります。

　Scratchのプログラミングでは複雑なことを、コンピュータで行える単純な命令へ分けて、命令の間の関係を考えてプログラムを組み立てることを学びました。関係として、全体の**繰り返し**の中に部分としての移動の命令を入れるという全体と部分の関係や、ゴミがある場合にはじめてゴミを消すという**条件分岐**の関係を取り上げました。コンピュータが命令や関係を理解できれば、コンピュータに同じことを何度も行わせたり、ほかの人にプログラムを渡してその人のコンピュータで同じことを行えます。

キーワード　分解、組み立て、関係、順番、命令、プログラム

3-3 共通の性質をまとめてみよう（一般化）

3.3.1 一般化のプログラミング的思考

クイズ

かおりちゃんはサンドイッチに加えて、ほかの料理もつくってピクニックに持っていきたいと考えました。ただし、サンドイッチ用に用意した食材がたくさん余っているため、ほかの新しい食材はできるだけ用意したくありません。参考とするためにパン屋さんへでかけたところ、ハンバーガー、ピザトースト、焼きそばパンが並んでいました。これらの中で、かおりちゃんとしずおくんがサンドイッチに加えてつくると良いものを選択してください。

サンドイッチと、パン屋に並んでいるパンに共通している食材を探しましょう。以下のような表を書いて、それぞれがどのような食材からできているのかを整理すると良いでしょう。

食材	サンドイッチ	ハンバーガー	ピザトースト	焼きそばパン
食パン	✓		✓	
丸いパン				
コッペパン				
レタス				
トマト				
チーズ				
ハム				
牛肉				
焼きそば				

回答 サンドイッチ用の食材が余っている場合

- 選ぶパン：_____
- 選ぶ理由：_____

解答例

食材	サンドイッチ	ハンバーガー	ピザトースト	焼きそばパン
食パン	✓		✓	
丸いパン		✓		
コッペパン				✓
レタス	✓	✓		✓
トマト		✓		
チーズ		✓	✓	
ハム	✓		✓	
牛肉		✓		✓
焼きそば				✓

サンドイッチ用の食材が余っている場合：

- 選ぶパン：ピザトースト
- 選ぶ理由：食パンとハムを使うことがサンドイッチと共通しており、新たにチーズを用意すればすぐにつくることができるため。どちらも「ハム入りの食パン料理」としてまとめられる。

 解説　多くのものやことを、人やコンピュータがそのまま扱うことは大変です。それぞれに分けて考えなければならないからです。これを個別に扱うといいます。そこで、それぞれのものやことがもっている特徴を整理して、共通の特徴をもっている場合に1つにまとめるとわかりやすくなります。これを一般化といいます。

　かおりちゃんは、特徴として食材によりさまざまなパンを整理しました。その結果、サンドイッチとピザトーストが、食パンとレタスを使っていることで共通していることがわかりました。そこで、サンドイッチとピザトーストは異なるパンですが、「ハム入りの食パン料理」として一般化できることがわかります。

Chapter 3 | ものごとの仕組みを単純化する、未来を予測する [モデル化とシミュレーション]

もしサンドイッチ用の食材が余っていなかったら、食材にこだわる必要はありません。かおりちゃんはサンドイッチづくりになれてきているので、できるだけつくり方が似ているパンにしたいと思いました。このとき、かおりちゃんがサンドイッチに加えてつくると良いパンを選択してください。またその理由も考えましょう。

以下のような表を書いて、サンドイッチとパン屋に並んでいるパンとで、それぞれどのようにつくられているのかを整理しましょう。

回答

つくり方	サンドイッチ	ハンバーガー	ピザトースト	焼きそばパン
パン全体を焼く			✓	
パン2枚で食材をはさむ				
パン1枚に食材をのせる				

サンドイッチ用の食材が余っていない場合
- 選ぶパン:
- 選ぶ理由:

つくり方	サンドイッチ	ハンバーガー	ピザトースト	焼きそばパン
パン全体を焼く			✓	
パン2枚で食材をはさむ	✓	✓		
パン1枚に食材をのせる			✓	✓

サンドイッチ用の食材が余っていない場合:

- 選ぶパン：ハンバーガー
- 選ぶ理由：パンに食材をのせていき、最後にパン2枚で食材をはさむことがサンドイッチと共通しているため。どちらも「パン2枚ではさむ料理」としてまとめられる。

かおりちゃんは、別の特徴としてパンのつくり方で整理しました。その結果、サンドイッチとハンバーガーが、パン2枚で食材をはさむことで共通していることがわかりました。これらは「パン2枚ではさむ料理」として一般化できることになります。

このように、食材で整理する場合とつくり方で整理する場合とでは、異なる一般化の結果を得ました。特徴には、見た目や形のような性質もあれば、つくり方のような手続きもあります。同じものやことであっても、異なる特徴で整理すれば、たいてい異なる一般化の結果を得ることになります。

3.3.2 一般化のScratchプログラミング

プログラミング問題：文字の特徴を見つけよう

しずおくんの部屋には、図1のようなさまざまな色の文字が落ちています。スクラッチキャットがこれらのうちの最初の2つ（Block-AとBlock-B）に触ったときだけ、図2の画面のように「さわっているよ」と言うようにプログラムを組み立ててください。

図1

図2

 Block-AとBlock-Bに共通していて、ほかの文字にはない特徴を探してみましょう。

たとえば、輪郭の色はどうでしょうか？

回答　　　　　　　　　　　　　　　　 解答例

 解説

　コンピュータでさまざまなものやことを簡単に扱うためには、まずはそれらに共通する特徴を整理して、**一般化**により共通の特徴をもつものやことを1つにまとめて扱うようにします。

　しずおくんは、部屋に落ちているさまざまな文字の特徴を整理した結果、Block-AとBlock-Bは、輪郭が黒色で共通していることに気付きました。そこから、この2つを「黒い文字」としてまとめられることがわかりました。

　今後、同じ特徴をもつ「黒い文字」が出てきたら、やはり同じプログラムで扱えることになります。たとえば以下の文字Block-Cを追加してみましょう。プログラムを変えなくても、スクラッチキャットがBlock-Cにさわっているときは話してくれます。

Chapter 3 | ものごとの仕組みを単純化する、未来を予測する ［モデル化とシミュレーション］

: 好きな文字の特徴を見つけよう

　しずおくんは、スクラッチキャットが「黒い文字」に限らず、好きな色の文字にさわったときに話すようにしたくなりました。

　コンピュータにおける色は、赤（Red）、緑（Green）、青（Blue）の3つを混ぜ合わせた形で指定できます。Scratchでは、それぞれの度合いを0から255の間で指定します。たとえば、先ほどのさまざまな文字の輪郭の色は次の表のようになります。

文字	赤の度合い	青の度合い	緑の度合い
Block-A、Block-B、Block-C	0	0	0
Story-A、Story-B	0	204	204
Glow-A、Glow-B	83	173	78

　以下のプログラムは、先ほどのプログラムのうちで、色を指定するところだけを変えたものです。Block-AやBlock-Bに共通する輪郭の黒色を、赤の度合いに対応する最初の0、緑の度合いに対応する2つ目の0、青の度合いに対応する3つ目の0により指定しています。

　このプログラムを変えて、最初に赤、緑、青のそれぞれの度合いの入力を受け付けて、その入力された色の文字にスクラッチキャットがさわったら話すようにしましょう。

　「あなたの名前は何ですか？ と聞いて待つ」というブロックを使えば、入力の結果を「答え」により使えます。その数を変数に入れておいて、あとで色を指定するときに使えば良いでしょう。

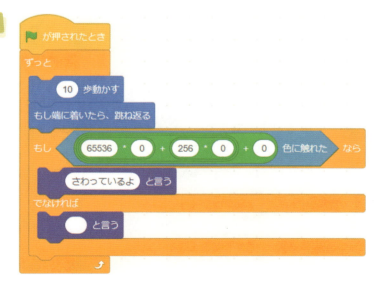

```
🏁 が押されたとき
赤の度合いは? と聞いて待つ
赤 ▼ を 答え にする
緑の度合いは? と聞いて待つ
緑 ▼ を 答え にする
青の度合いは? と聞いて待つ
青 ▼ を 答え にする
ずっと
  10 歩動かす
  もし端に着いたら、跳ね返る
  もし < 65536 ・ 赤 + 256 ・ 緑 + 青 > 色に触れた なら
    さわっているよ と言う
  でなければ
    (  ) と言う
```

解説

　先ほどの表にあるように、**一般化**によりStory-AとStory-Bは「明るい緑色の文字」に、Glow-AとGlow-Bは「明るい青色の文字」にそれぞれまとめられます。そして、さらなる**一般化**により、すべて「輪郭が何らかの色の文字」にまとめられます。

　プログラムでは変数を使うことで、**一般化**したものごとに共通の内容を一度だけ書いて、繰り返し使うことができます。以下のプログラムでは、スクラッチキャットが「輪郭が何らかの色の文字」にさわったら話すという共通の内容を書いておきます。そして、その何らかの色を、変数により変えられるようにしています。

まとめ

　このクイズでは、多くのものやことを人やコンピュータが簡単に扱うための考え方として、共通の特徴でまとめる**一般化**について学びました。たとえば、Scratchではクイズのように、画像やスプライトの色という特徴で**一般化**できました。さらに変数を使うことで、**一般化**したものごとに共通の内容を、異なる内容から区別して書くことができました。

キーワード 一般化、共通、個別、性質、手続き

3-4 重要なところのみ注目してみよう（抽象化）

3.4.1 抽象化のプログラミング的思考

クイズ

かおりちゃんはたくさんの友達と一緒に遠足へ、バラエティ豊かな異なるお弁当をそれぞれつくって持ち寄り、遠足で分け合って食べたいと思いました。ただし、健康に気を付けて栄養が偏らずに食事をとる必要があります。しかし、友達は栄養に詳しくありません。

以下のうち、お弁当の内容の伝え方としてもっとも良いものを選んでください。また、その理由も考えてください。

選択肢

1. 健康に気を付けて栄養が偏らないようにしよう
2. タンパク質、脂質、糖質、ビタミン、ミネラルをそれぞれ含むようにしよう
3. ごはん・パン・麺類、肉・魚類、野菜、乳製品、果物をそれぞれ含むようにしよう
4. 食パン、豚のひき肉、キュウリ、チーズ、リンゴをそれぞれ含むようにしよう

それぞれの伝え方では、お弁当の内容の指定の細かさが異なります。それぞれを友達へ伝えると友達は何をつくってくることになるのか、考えてみましょう。そのうえで「最低限これだけは守ってほしい」という一番大切なことが何なのか、考えてみましょう。

伝え方：

理由：

伝え方：3. ごはん・パン・麺類、肉・魚類、野菜、乳製品、果物をそれぞれ含むようにしよう。

理由：栄養に詳しくない友達にもわかる内容であり、かつ、指定が細かすぎないためさまざまなお弁当をつくってくることができます。

　複雑なものやことを人やコンピュータがそのまま扱おうとすると、たくさんの細かい指定が必要になり、とても大変です。そして、一番大切なことが逆に見えにくくなってしまいます。そこで、一番大切な特徴に注目して、逆に大切ではない細かな特徴を気にしないようにすると、少ない簡単な情報へと減らして表現できるので、ほかの人やコンピュータにも伝えやすくなります。これを抽象化といいます。ただし抽象化しすぎて、大切な特徴もほとんどわからなくなってしまわないよう注意が必要です。反対に、情報を増やして詳しく具体的に表すことを具体化といいます。

　かおりちゃんは、栄養に詳しくない友達でもわかるように、栄養バランスのとれたお弁当の特徴を伝えることがもっとも大切であると考えて、それだけを友達に伝えることにしました。

　その結果、栄養バランスのとれたさまざまなお弁当を持ち寄ることができます。

　選択肢において、1.はもっとも抽象的であり、4.はもっとも具体的です。2.と3.はその中間にありますが、相手に伝わりやすいかどうかが異なります。

　1.の場合、抽象化しすぎた結果、情報を減らしすぎてしまっていて、栄養に詳しくない友達にはうまく伝わりません。

　2.の場合、栄養の種類に詳しくないと、お弁当をつくることが難しくなります。

　4.の場合、具体化しすぎた結果、内容を細かく指定しすぎています。友達はみな同じようなお弁当をつくってきてしまい、さまざまなお弁当を分け合って食べることに不向きです。

3.4.2 抽象化のScratchプログラミング

プログラミング問題：床と天井を掃除しよう

　しずおくんはプログラムを書いて、部屋のさまざまなところを掃除させようと考えています。部屋の天井、床、壁では、掃除の仕方は異なります。スクラッチキャットに加えて、複数のさまざまなスプライトを活用して、部屋のさまざまなところを掃除するプログラムを組み立ててください。たとえば、以下のコウモリ（Bat）と犬（Dog2）を活用することとします。

　スクラッチキャット1体に部屋のさまざまな箇所を掃除させようとすると、プログラムはとても複雑なものになってしまいます。そこで、部屋の個所ごとに掃除をさせるスプライトを決めて、それぞれのスプライトに掃除のさせ方を任せてしまいましょう。

　たとえば、コウモリには部屋の天井を速く移動させて、いくらか掃除させて休憩させましょう。一方、犬には部屋の床をゆっくりと移動させて、掃除させましょう。

　スクラッチキャットからすると、メッセージの仕組みを利用して、ほかのスプライトへ掃除の始まりを伝えれば良いことになります。スクラッチキャットのプログラムには、ほかのスプライトにおける掃除の仕方が出てくることはありません。

　コウモリと犬は、スクラッチキャットからのメッセージを受けて、それぞれに具体的に掃除することになります。ただし、自身の担当箇所以外の掃除の仕方は知らなくて構いません。

　たとえばコウモリには、掃除の始まりのメッセージを受けて、天井を横方向に素早く20歩分ずつ、合計500歩分を移動させることで掃除したことにして止まらせます。

　犬には、掃除の始まりのメッセージを受けて、床を横方向にゆっくり10歩分ずつ合計1000歩分を移動させることで掃除したことにして止まらせます。

回答

スクラッチキャットのプログラム：

（スペース▼ キーが押されたとき　／　□ を送る）

コウモリのプログラム：

（掃除を始めよう▼ を受け取ったとき
飛んだ距離▼ を □ にする
□ まで繰り返す
　20 歩動かす
　もし端に着いたら、跳ね返る
　飛んだ距離▼ を 20 ずつ変える）

犬のプログラム：

（掃除を始めよう▼ を受け取ったとき
歩いた距離▼ を □ にする
□ まで繰り返す
　10 歩動かす
　もし端に着いたら、跳ね返る
　歩いた距離▼ を 10 ずつ変える）

Chapter 3 | ものごとの仕組みを単純化する、未来を予測する［モデル化とシミュレーション］

解答例

スクラッチキャットのプログラム：

```
[スペース▼]キーが押されたとき
[掃除を始めよう▼]を送る
```

コウモリのプログラム：

```
[掃除を始めよう▼]を受け取ったとき
[飛んだ距離▼]を 0 にする
[飛んだ距離] = 500 まで繰り返す
    20 歩動かす
    もし端に着いたら、跳ね返る
    [飛んだ距離▼]を 20 ずつ変える
```

犬のプログラム：

```
[掃除を始めよう▼]を受け取ったとき
[歩いた距離▼]を 0 にする
[歩いた距離] = 1000 まで繰り返す
    10 歩動かす
    もし端に着いたら、跳ね返る
    [歩いた距離▼]を 10 ずつ変える
```

解説

　コンピュータで複雑なものやことを簡単に扱うためには、まずは抽象化により一番大切な特徴に注目します。そして、大切な特徴だけを扱うほうと、その特徴を含むさまざまな具体的なことがらを扱うほうを分けるようにします。そうすることで、一番大切な特徴を正しく扱いやすくなるとともに、分けてより具体的なことがらを考えやすくなります。Scratchでは、スプライトという単位でプログラムを分けて、それぞれに異なる内容をもたせることで抽象化を実現できます。さらに、メッセージや関数を使って、伝える側や呼び出す側と、伝えられる側や呼び出される側を分けて扱えるようになり、抽象化を実現できます。

　しずおくんは抽象化により一番大切な特徴として、掃除をするということに注目し、スクラッチキャットにはその始まりだけを扱わせることにしました。ほかのスプライトは、スクラッチキャットからのメッセージを受けてそれぞれ掃除をします。

　しずおくんは具体化により、掃除の細かい仕方を、コウモリと犬のそれぞれのプログラムに書くことにしました。コウモリと犬とでは、掃除の仕方が異なります。

　コウモリは飛んだ距離を覚えておき、決まった短い距離を素早く掃除します。コウモリがもっている飛んだ距離のデータは、スクラッチキャットや犬には関係ありません。そのデータを用いた移動のさせ方も、スクラッチキャットや犬には関係ありません。

　一方、犬は歩いた距離を覚えておき、決まった長い距離をゆっくりと掃除します。犬がもっている歩いた距離のデータは、スクラッチキャットやコウモリには関係ありません。それを用いた移動のさせ方も関係ありません。

Chapter 3 | ものごとの仕組みを単純化する、未来を予測する [モデル化とシミュレーション]

プログラミング応用問題：掃除の仕方を変えてみよう

　しずおくんは、掃除の仕方を変えたくなりました。たとえば、コウモリをずっと真横に掃除させ続けるのではなく、100歩ごとに方向を変えてさまざまなところを掃除させたいと思いました。コウモリのプログラムに以下のように命令を追加して、コウモリの掃除の仕方を変えてください。

```
掃除を始めよう を受け取ったとき
　飛んだ距離 を 0 にする
　飛んだ距離 = 500 まで繰り返す
　　20 歩動かす
　　もし端に着いたら、跳ね返る
　　飛んだ距離 を 20 ずつ変える
　　もし 　　　　　　　　　　　　　なら
　　　15 度回す
```

解答例

```
掃除を始めよう を受け取ったとき
　飛んだ距離 を 0 にする
　飛んだ距離 = 500 まで繰り返す
　　20 歩動かす
　　もし端に着いたら、跳ね返る
　　飛んだ距離 を 20 ずつ変える
　　もし 飛んだ距離 を 100 で割った余り = 0 なら
　　　15 度回す
```

解説

　コウモリの掃除の仕方は、コウモリのプログラムにのみ関係しています。このように命令を追加して、コウモリがメッセージを受けて飛び続けている間に、飛んだ距離を100で割った余りが0になるたびに方向を変えてあげれば良いことになります。

　抽象化によって、犬の掃除の仕方は、犬のプログラムのみで決められていました。そのため、コウモリのプログラムを変えても、スクラッチキャットには関係ありません。さらに犬にも関係ありません。

　もしコウモリや犬に加えて新たなスプライトに掃除させたい場合にも、スクラッチキャットやコウモリ、犬のプログラムを変える必要はありません。スクラッチキャットは引き続き掃除の始まりをメッセージで知らせれば良く、メッセージを受けて具体的に掃除するスプライトを追加すれば良いことになります。

　なお抽象化は、スプライトやメッセージ以外にも、さまざまな方法で実現できます。たとえば関数（Scratchのブロック定義）を用いると、関数を呼び出す側に大切となるものは「関数によって何かをする」ということであり、関数の中の細かな内容を知らなくて構いません。そして、関数の中の内容を変えても、関数を呼び出す側は変えなくても良いわけです。

まとめ

　このクイズでは、複雑なものやことを簡単に扱うために、一番大切な特徴に注目して簡単な小さな情報で表す抽象化の考え方を学びました。抽象化により、これだけはゆずれないという大切な特徴に絞って、自分自身で検討し、さらにはほかの人やコンピュータへ伝えやすくなります。伝えられたほうでは通常、具体化をして細かいところを考えることになります。Scratchでは、たとえばクイズのように、メッセージという仕組みにより扱いたいものごとを抽象化できます。

キーワード　抽象化、具体化（具象化）

3-5 簡単にした図で考えてみよう（モデル化）

3.5.1 モデル化のプログラミング的思考

クイズ

　かおりちゃんは友達と一緒に、遠足の内容を計画しています。最初に学校に集まって目的地へバスで移動し、最後はバス停に集まりバスで学校に戻ってから解散します。かおりちゃんは公園、博物館、最後に集会所で集まって学習しようと考えています。
　また、その間の移動はすべて歩きにしたいと考えました。
　かおりちゃんが考えている内容を、友達のみんなに伝えて一緒に計画できるようにしください。

ヒント

　お互いに話して内容を伝えようとすると、相手にとってわかりにくく間違って伝わってしまうかも知れません。また、後に残らないため、考え直すことも難しくなります。そこで以下のような図に書き込んで表すことで、みんなで見て、みんなで考えられるようにしましょう。

回答

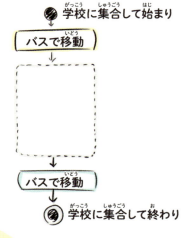

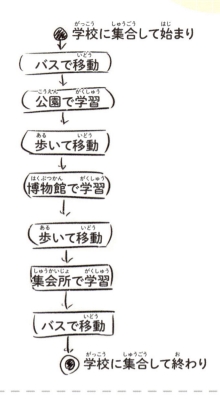

解説

　実際のものやことをそのまま扱おうとすると、とても大変でお金や時間もかかってしまうばかりか、特徴をつかみにくく、ほかの人にも伝えにくくなります。そこで実際のものやことの代わりに、抽象化して簡単にした結果を図や絵、あるいは模型のようなもので表したものやことをモデルといいます。そして、モデルをつくることをモデル化やモデリングといいます。

　モデル化によって、実際のものやことの特徴をつかむことができます。また、特徴が違う場合にはどのようになるのかといったことを考えやすくなります。そしてそれを、ほかの人に伝えて、ほかの人と一緒に考えられるようになります。

　遠足の内容を考えるときに、わざわざ遠足の場所へ何度も足を運んで確認するというわけにはいきません。とてもお金や時間がかかってしまいます。そこでかおりちゃんは、「遠足で訪れる場所や行動とその流れ」がもっとも大切であると考えて、そのことだけを図で表すことにしました。図を見ることで、友達にもかおりちゃんが考えた遠足の流れが伝わります。そして内容を変えることも友達と一緒に考えやすくなります。

Chapter 3 | ものごとの仕組みを単純化する、未来を予測する [モデル化とシミュレーション]

応用クイズ

かおりちゃんは、遠足の活動は簡単にすると、移動することと、みんなで学習することのいずれかにまとめられることに気が付きました。バスや歩きは移動にあたり、公園や博物館における活動はみんなで学習することにあたります。そこで次の図のように簡単にして表しました。ある活動中であることを四角で表して、ある活動中から次の活動中への流れを矢印で表しています。ある活動中であることを「状態」といいます。また矢印には、次の活動へと移るときのきっかけを書いています。●は始まりを表し、◎は終わりを表しています。

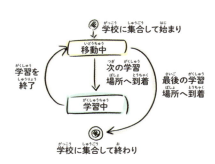

この新たな図を見ることで、さまざまなことがわかりやすくなりました。図を見てわかることを、以下のうちからすべて選んでください。またその理由も考えてください。

選択肢

1. 遠足の内容は、移動中と学習中の2つからできている。
2. 移動して、移動した先で学習するということを何度か繰り返している。
3. 必ず最後に移動して終わる。
4. 移動の後は必ず学習する。

回答 _____

解答例 1. 2. 3.

解説
1. は**正しい**です。遠足のさまざまな活動を、移動中と学習中という2つの状態へと**抽象化**できることがわかります。
2. は**正しい**です。遠足を**抽象化**すると、どこかに移動して学習する、ということを繰り返すということがわかります。
3. は**正しい**です。必ず最後に移動して終わることがわかります。
4. は**間違って**ます。最後は、移動してから学習しないで終わるためです。

このように、さらなる抽象化をして作成したモデルを見ることで、遠足の特徴がよくわかるようになりました。特徴がわかったら、今度は特徴が違う場合にはどのようになるのか、といったことを考えやすくなります。

たとえば、遠足の内容を友達と相談して、最後に学習して終わるようにしたくなったとします。このときは、さきほどのモデルを以下のように変更すれば良いことになります。

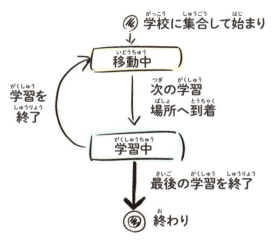

この変更を、もともとの細かい予定を表したモデルに当てはめると、以下のようになります。学校に移動して終わりとせずに、学校で学習してから終わりとすれば良いわけです。

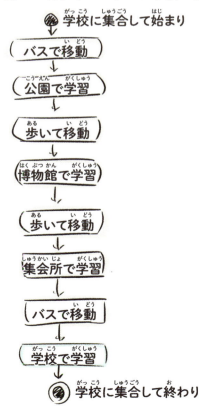

3.5.2 モデル化のScratchプログラミング

プログラミング問題：プログラムをモデル化しよう

　しずおくんは、3.4.2節の［抽象化のScratchプログラミング］で作成した以下の掃除のプログラムの流れを、Scratchを知らない友達にもわかりやすく説明したいと考えました。コウモリと犬とで掃除の仕方は違いますが、掃除をすることに変わりはありません。そこで、コウモリと犬に共通する掃除の流れを図としてモデル化してみましょう。

コウモリのプログラム

犬のプログラム

　コウモリと犬はいずれも、最初は待っていて、「掃除を始めよう」と伝えられると掃除をします。そしていくらかの距離を掃除すると、掃除をやめて、また待つことになります。

　このことから、コウモリと犬には、待っている状態と、掃除をしている状態の2つの状態があり、その間の流れを描けば良いことになります。

プログラムの始まり

待っている

掃除している

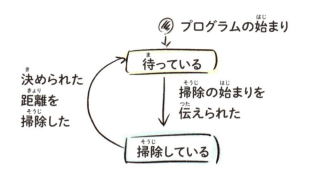

モデル化によって、複雑なプログラムの特徴をわかりやすくしたり、これから新しくつくるプログラムにさせたいことを考えやすくできたりします。そしてモデルを見せることで、ほかの人に伝えて一緒に考えられるようになります。

しずおくんはモデル化により、コウモリと犬には待っている状態と掃除をしている状態の2つの状態があることを図に描きました。また、矢印を使って2つの状態の間の変化もわかりやすくまとめました。

このモデルを見ることで友達は、Scratchやプログラミングに詳しくなくても、コウモリや犬が掃除する流れを簡単につかむことができます。

Chapter 3 | ものごとの仕組みを単純化する、未来を予測する [モデル化とシミュレーション]

 : メッセージを使ってモデル化しよう

　しずおくんと友達は、コウモリと犬のモデルを見ていて、掃除を一度始めたら決められた距離を掃除するまで終えられないことに気が付きました。途中でやめられるようにしたいと思いますが、いきなりプログラムを変えようとすると、どこをどう変えれば良いのかわかりにくく大変です。

　そこでまずは、「掃除をやめよう」というメッセージを伝えられたら、すぐに掃除をやめるようにモデルへ矢印を追加しましょう。そして、変更したモデルに対応するように、プログラムも変更しましょう。スクラッチキャットは、たとえば ↓ キーが押されたら掃除の終わりのメッセージを伝えるようにします。

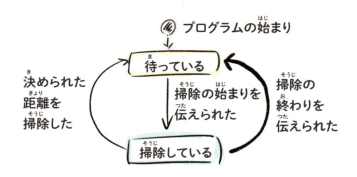

　最初にモデルを以下のように変えることで、掃除を途中でやめられるようにします。掃除している状態から、待っている状態へと、掃除の終わりを伝えられたらすぐに移る流れを追加しました。

　続いて、追加した流れに対応して以下のようにスクラッチキャットが掃除の終わりも伝えられるようにします。

　また、コウモリと犬は「掃除を止めよう」というメッセージを受け取ったら飛んだ距離や歩いた距離を決められた距離にまで増やし、掃除をすぐに終えられるようにします。

　そして、コウモリと犬は、「掃除を始めよう」のメッセージを受け取ると、また最初から掃除を始めます。

スクラッチキャットのプログラム　　コウモリのプログラム　　犬のプログラム
（追加部分のみ）　　　　　　　　（追加部分のみ）　　　　（追加部分のみ）

　なお、スクラッチキャットのプログラムの追加部分を次のものに置き換えると、コウモリや犬は「掃除を止めよう」のメッセージを受けることなく、掃除の途中であっても掃除をすぐにやめます。

スクラッチキャットのプログラム（追加部分の置き換え）

　ただし、飛んだ距離や歩いた距離はやめたときのまま残るため、次に「掃除を始めよう」のメッセージを受け取ると、途中から掃除を再開します。これは、先ほどの解答例とは動きが異なりますが、依然としてモデルに対応したものになっています。

　このように、モデルから具体化によってプログラムを作成するとき、モデル上で指定していなかった細かな点が異なるさまざまなプログラムを作成できます。逆にいうと、最終的にプログラムにおいてこうなっていてほしいという大切なことはすべて、モデルに書いておかなければなりません。

まとめ

　このクイズでは、実際のものやことを簡単にして図や絵、あるいは模型のようなもので表すモデル化の考え方を学びました。モデル化により、特徴をつかんで検討しやすくなるとともに、ほかの人に伝えて一緒に考えやすくなります。
　たとえば、プログラミングにおいていきなりプログラムで複雑なものや実際のことを扱う前に、モデルを見て自身やほかの人と一緒に特徴をつかみ、モデルの上で仕組みや流れを考えて、その結果をプログラムとして実現しやすくなります。

キーワード　モデル化、モデル、状態

3-6 さまざまな未来を予想してみよう（シミュレーション）

3.6.1 シミュレーションのプログラミング的思考

クイズ

かおりちゃんは10日後の遠足に持っていくお金を、毎日のお小遣いから少しずつためることにしました。ただし、毎日同じ額をためることは面白くありません。そこでかおりちゃんは親と相談して、毎日、その前々日と前日にためる額を合わせたものを新たにためることにしました。ためる額の関係を簡単にモデル化すると図のようになります。1日目に0円、2日目に10円をためるとして、10日目にはいくらをためることになるでしょうか？

選択肢
1. 10日目には10円をためる
2. 10日目には50円をためる
3. 10日目には100円をためる
4. 10日目には340円をためる

回答 _____

順番に計算してみましょう。3日目は、前々日である1日目の0円と、前日である2日目の10円を合わせて、10円をためることになります。4日目は、2日目の10円と、3日目の10円を合わせて、20円をためることになります。5日目以降も計算を続けていきましょう。

回答例 4. 10日目には340円をためる

1日目は0円をためます。
2日目は10円をためます。
3日目は0+10=10円をためます。
4日目は10+10=20円をためます。
5日目は10+20=30円をためます。
6日目は20+30=50円をためます。
7日目は30+50=80円をためます。
8日目は50+80=130円をためます。
9日目は80+130=210円をためます。
10日目は130+210=340円をためます。

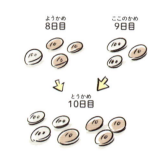

解説

さまざまな場合を、実際に実験して確かめることはとても大変です。また、未来の様子をそのときになってからはじめて考えるようでは、問題に気がつくことが遅くなり、準備したり変更したりすることが難しくなります。そこで、ものやことのルール（規則）を利用して、さまざまな場合や未来の様子を予想することを シミュレーション（模擬実験）といいます。シミュレーションにより、予想したうえでものごとを決めたり、起こりそうな問題に気が付き、早めに準備したり計画を変更したりできるようになります。

かおりちゃんは、遠足のために毎日ためる額について決めたルールを利用して、10日目にためる額を計算できました。10日後という未来の様子を、前もってシミュレーションできたことになります。

Chapter 3 | ものごとの仕組みを単純化する、未来を予測する ［モデル化とシミュレーション］

もし、かおりちゃんが親から毎日もらえるお小遣いが100円までであったら、7日目まではためられますが、8日目からは足りなくなってしまいます。

そこで新たな方法を考えることにします。毎日のお小遣いが100円の場合に、次のうち、10日目までため続けられる方法はどれでしょうか？

ただし、1日目は必ず10円をためることとします。

> **選択肢**
> 1. 前日に新たにためた額と同じ額を新たにためる。
> 2. 前日に新たにためた額よりも10円多い額を新たにためる。
> 3. 前日までにためた額の合計と同じ額を新たにためる。

 1. 2.

 1. は 正しい です。2日目は10円、3日目は10円…というようにずっと10円をため続けます。

2. は 正しい です。2日目は20円、3日目は30円…となり、10日目には100円を新たにためることになります。

3. は 間違い です。2日目は10円、3日目は20円、4日目は40円…と増えていき、10日目には2560円も新たにためなければなりません！

次の図のようにモデル化してみると、ためる額が倍々で増えていくことがわかります。

このようにかおりちゃんはシミュレーションにより、実際にお金をためはじめる前に、ためる額が毎日のお小遣いの中におさまるかどうかを予想して、ためる方法を決められます。

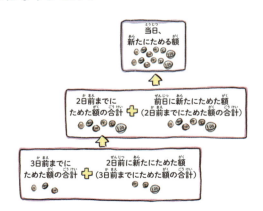

3.6.2 シミュレーションのScratch（スクラッチ）プログラミング

プログラミング問題：メッセージを使って掃除させよう

　しずおくんは、3.5.2節の[モデル化のScratchプログラミング]で作成したプログラムを変えて、掃除のメッセージを受けるたびに犬が掃除する距離を少しずつ長くしたいと考えました。

　最初は0歩、2回目は1歩として、以降は前々回と前回にそれぞれ掃除した距離を合わせた数だけ新たに掃除することにします。たとえば3回目は、1回目の0歩と、2回目の1歩を合わせた数として1歩だけ掃除します。

　以下のプログラムの空欄を埋めて、プログラムを完成させてください。また、10回目には犬は何歩掃除することになるでしょうか？

ヒント　旗マークを押したときに、犬を1歩動かして、1回目と2回目の掃除をさせたことにしましょう。その後は、「掃除を始めよう」というメッセージを受け取るたびに、前々回と前回に移動した距離を合わせた数だけ動かしましょう。

回答　10回目に犬は　　　　歩掃除する。

Chapter 3 | ものごとの仕組みを単純化する、未来を予測する [モデル化とシミュレーション]

解答例 10回目に犬は34歩掃除する

解説

しずおくんは、掃除する距離のルールをプログラムに書いて動かすことで、実際に犬が掃除する距離を簡単に知ることができるようになりました。

旗マークを押してプログラムを実行すると、犬は1歩動いて1回目と2回目の掃除を終え、以降はメッセージが伝わるたびに掃除の距離は2歩、3歩、5歩と増えていき、10回目の掃除のときには犬は34歩動きます。

同じことを、2章で説明した再帰で実現することもできます。次のプログラムでは、「たくさん歩く」という関数（ブロック定義）を用意し、N回目に「たくさん歩く」ことを、N-2回目に「たくさん歩く」こととN-1回目に「たくさん歩く」ことをそれぞれ呼び出すことで実現しています。

ただし、1回目は0歩、2回目は1歩だけ歩かせています。

まとめ

このクイズでは、さまざまな場合や未来のことを予想するために、ものやことのルールを利用するシミュレーションの考え方を学びました。とくに、プログラムを作成して動かすコンピュータシミュレーションによって、実際に実験することなく簡単に、それも正確に計算して、さまざまな場合や未来の様子を予想できるようになります。

Chapter 3 | ものごとの仕組みを単純化する、未来を予測する [モデル化とシミュレーション]

3-7 すじみちを立てて考えてみよう（論理的推論）

3.7.1 論理的推論のプログラミング的思考

かおりちゃんやしずおくんは遠足で公園から博物館へ移動するとき、友達と一緒に行動したところ、道に迷うことなく決められた時間通りに博物館へ到着できました。同じクラスの春子さんも途中までは一緒に移動していましたが、一人でお土産屋さんに立ち寄ったところ、友達とはぐれて道を間違えてしまい、決められた時間よりも遅れて博物館に到着しました。

かおりちゃんたちは学校に戻ってから、遠足の反省会を開きました。次の遠足に向けて、かおりちゃんたちが今回のできごとからもっとも学べることは選択肢のうちのどれでしょうか？

選択肢
1. 遠足に限らずいつでもどこでも、友達と一緒に活動すべきである
2. 遠足時に知らないところでは一緒に移動すれば、必ず道を間違えない
3. 遠足時に知らないところでは一緒に移動すれば、計画的に行動しやすい
4. 遠足時に知らないところでは一人で移動すると、道を間違えやすい

できごとの結果をもたらした原因が、きっとあるはずです。そして、その原因と結果が、一人の生徒でたまたま起きたことなのか、複数の生徒で共通に起きたことなのか、考えてみましょう。複数の生徒で起きていたら、きっとそれは以降もたいてい当てはまることと考えることができます。

回答 _____

 解答例 3. 遠足時に知らないところでは一緒に移動すれば、計画的に行動しやすい

134

まだわかっていないものごとを扱うとき、そのつど行き当たりばったりに考えていると大変で時間がかかるばかりか、間違った扱いやそのときどきで異なった扱いになりかねません。

そこで、すじみちを立てて考えを一つひとつ組み立てていくことで、過去のできごとなどを通じて「すでにわかっていること」から「まだわかっていないこと」を予想することを**論理的推論**といいます。**論理的推論**により、「すでにわかっていること」に基づいて未来をきちんと検討できるようになります。**論理的推論**には、**帰納**や**演繹**、**仮説形成**といった考え方があります。

かおりちゃんは、かおりちゃん自身やしずおくんに起きた共通のできごとから、友達と一緒に移動すれば時間通りに行動しやすいことに気が付きました。そこで次の遠足では、友達と一緒に移動すれば、おそらく計画的に行動できるだろうと予想できます。こうして複数のものやことに共通しているできごとから、「こういうときはたいていこうなる」というルールを考えて、未来を予想することを「**帰納**」(インダクション)といいます。ただし、必ずそうなるとは限りません。

1. は言い過ぎです。あくまでも遠足において移動するときのできごとであり、遠足に限らずいつでもあてはめるべきかどうかはわかりません。
2. は言い過ぎです。友達と一緒に行動すれば必ず道を間違えないとは限りません。
4. は言い過ぎです。一人で移動して道を間違えるということは春子さんにだけ起きたできごとであり、春子さん以外の誰でも必ずそうなるとは限りません。

ルールを、以降の個々のできごとに当てはめて考えることを「**演繹**」(デダクション)といいます。たとえば今回の遠足をふまえて、かおりちゃんの学校では以降の遠足で、生徒は必ずまとまって移動しなければならないとルール化したとします。そうすると、かおりちゃんやしずおくんは生徒であり、生徒は必ずまとまって移動するため、次からはかおりちゃんやしずおくんはまとまって移動することになります。

Chapter 3 | ものごとの仕組みを単純化する、未来を予測する [モデル化とシミュレーション]

同じ遠足で次郎君は、決められた時間通りに博物館へ到着していました。次郎君は公園から博物館までどのように移動したと考えられるでしょうか？

選択肢

1. 絶対に一人で移動した
2. おそらく一人で移動した
3. 絶対にほかの友達と一緒に移動した
4. おそらくほかの友達と一緒に移動した

 4. おそらくほかの友達と一緒に移動した

 4. おそらくほかの友達と一緒に移動した

　帰納などで検討したルールに基づいて、過去の個々のできごとが起きた原因を予想することを**仮説形成（アブダクション）**といいます。もともと**帰納**により、かおりちゃんやしずおくんに起きたできごとから、友達と一緒に行動すれば計画的に行動しやすいというルールがあることがわかっていました。

　そこで、このルールに基づくと、次郎君はおそらくほかの友達と一緒に行動していたから時間通りに公園へ到着していたのであろうと、過去を予想できます。

　ただし、そうではなかった可能性はあるため、3.は言い過ぎです。

一緒だから
遅刻しなかったんだ！

136

3.7.2 論理的推論のScratchプログラミング

プログラミング問題：風船を追いかけるプログラムをつくろう

風船がぷかぷかと浮いていて、あちらこちらへと移動しています。そこでしずおくんは、スクラッチキャットに風船を追いかけさせて、できるだけ長く風船をつかまえておきたいと思いました。ＵＲＬから風船のScratchプログラムをダウンロードして動かしてみましょう。

https://scratch.mit.edu/studios/25116385/

続いて、スクラッチキャットをあなた自身でカーソルキーを使って動かして、風船にさわってみましょう。3.2.2節のゴミをひろうプログラムをほぼそのまま使えば良いですね。

次のプログラムによってスクラッチキャットを上下左右に動かして、風船を追いかけてみてください。

スクラッチキャットのプログラム：

```
▶ が押されたとき
ずっと
  もし 上向き矢印 ▼ キーが押された なら
    x座標を 0 、y座標を 150 にする
  もし 下向き矢印 ▼ キーが押された なら
    x座標を 0 、y座標を -150 にする
  もし 右向き矢印 ▼ キーが押された なら
    x座標を 150 、y座標を 0 にする
  もし 左向き矢印 ▼ キーが押された なら
    x座標を -150 、y座標を 0 にする
```

Chapter 3 | ものごとの仕組みを単純化する、未来を予測する［モデル化とシミュレーション］

スクラッチキャットを人が動かし続けることはなかなか大変ですね。そこで、スクラッチキャットのプログラムを変えて、あなたが操作するのではなく、プログラムで自動的にスクラッチキャットを動かして風船を追いかけさせましょう。

ただし、風船のプログラムの中は見ないでください。考える楽しさがなくなってしまいますからね！

風船が動く様子をながめていると、ランダムに動くのではなく、何らかのルールに基づいて動いていそうなことがわかります。どういった方向に、だいたい何秒おきに移動しているのか、ながめてみましょう。

ルールさえわかれば、次に風船が動く場所を予想して、スクラッチキャットをずっと風船に触らせることができそうです。

スクラッチキャットのプログラム：

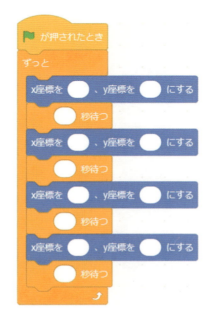

スクラッチキャットのプログラム：

```
🏁 が押されたとき
ずっと
  x座標を 0 、y座標を 150 にする
  1 秒待つ
  x座標を 150 、y座標を 0 にする
  1 秒待つ
  x座標を 0 、y座標を -150 にする
  1 秒待つ
  x座標を -150 、y座標を 0 にする
  1 秒待つ
```

個々に起きたできごとから**帰納**の考え方により、「こういうときはたいていこうなる」というルールを見つけることができます。そして**演繹**の考え方により、ルールをプログラムに書いて自動的に動かせるようにして、将来の個々のできごとに当てはめて結果をつくりだせます。

しずおくんは、ずっと眺めていたら、風船が上、右、下、左という時計回りの順でだいたい1秒ごとに動き続けていることに気が付きました。**帰納**の考え方により、時計回りのこの動きはこれからもずっと続きそうだと考えられます。

そこでしずおくんは、**演繹**の考え方により、気が付いたルールを利用してスクラッチキャットの以降の動き方を決めて、風船を追いかけられるようにしました。

Chapter 3 | ものごとの仕組みを単純化する、未来を予測する［モデル化とシミュレーション］

：もっと正確に風船を追いかけさせよう

　さきほどのプログラムでスクラッチキャットを動かしていると、少しずつずれて風船よりも早く移動してしまい、途中からまったく風船をさわれないようになってしまいます。

　そこでスクラッチキャットのプログラムをもう一度変えて、スクラッチキャットがずっと風船をさわり続けるようにしてください。

　まずは、少しずつずれてしまった原因を考えて、それに合うように、プログラムを変えてみましょう。

　たとえば、次のプログラムを完成させて、スクラッチキャットを動かすタイミングを時間がたつにつれて変えてみるとどうでしょうか？

回答

スクラッチキャットのプログラム

スクラッチキャットのプログラム：

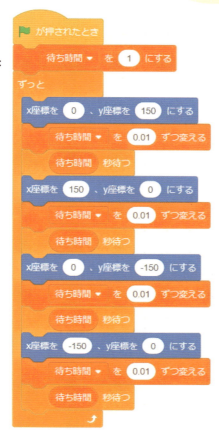

原因を考えてみると、風船が時計回りに移動することは正しいのですが、1秒という決まったタイミングでずっと動き続けるという考え方は間違っていて、風船の動くタイミングが少しずつ遅れていたのではないかと予想できます。

そこで、スクラッチキャットを動かすタイミングを少しずつ遅らせれば風船に長くさわらせられるようになるだろうと考えて、上記のようにプログラムを変更できます。

このようなプログラムの修正は、プログラムが期待通りに動くことを妨げてしまっている邪魔な「虫（バグ）」を取りのぞくという意味で、「デバッグ（虫をとる）」といいます。最初から期待通りのプログラムを作成できるとは限らないため、通常はこのデバッグの作業が必要です。

プログラミングとデバッグの作業は、以下のように論理的推論を組み合わせて進めているととらえることができます。

① 帰納による検討：個々のできごとをながめて、「こういうときは、たいていこうなる」というルールを検討します。
② 演繹によるプログラミング：検討したルールを、これからの個々の動きや決定にあてはめて「だからこのときは、こうなる（こうする）」と決めて、そうするようにプログラムを作成します。
③ 仮説形成によるデバッグ：プログラムを動かしてみて期待通りにいかなかったら、「おそらくこういう原因により、こうなった」と考えて、プログラムを修正したり、場合によってはルールそのものを再び検討します。

先ほどのデバッグしたプログラムでもまだ、どうしても風船とスクラッチキャットがずれてしまいます。さまざまな考え方でいろいろと試していきづまってしまったら、今度は考え方を変えてみましょう。
帰納により、風船が何らかのタイミングで時計回りに動くことはわかっています。スクラッチキャットが風船に触れられていて、あるとき触れられなくなったら、仮説形成により、風船が移動したからであろうと考えることができます。

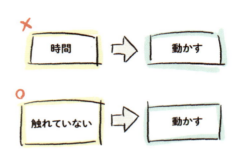

そこで、次のプログラムを完成させてスクラッチキャットを動かすきっかけを、時間ではなく、風船に触れているかどうかに変えてみましょう。

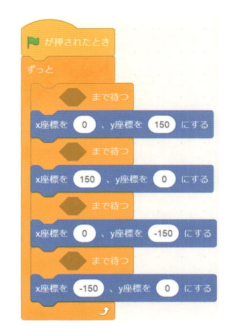

つまり、風船に触れられなくなったら風船がいそうな次の場所へスクラッチキャットを移動させるという新たなルールを考えて、次のようにプログラムとして作成すれば良いわけです。このプログラムでスクラッチキャットを動かすことで、正確にスクラッチキャットをずっと風船に触らせられるようになりました。

スクラッチキャットのプログラム：

まとめ

　このクイズでは、すじみちを立てて考えを一つひとつ組み立てていくことで、過去のできごとなどを通じてすでにわかっていることからまだわかっていないことを予想する**論理的推論**を学びました。とくに、個々のできごとから「こういうときは、たいていこうなる」とルールを考える**帰納**、ルールを個々のできごとにあてはめて未来を「だからこのときは、こうなる（こうする）」と考える**演繹**、そしてルールから個々のできごとの過去を「おそらくこういう原因により、こうなった」と考える**仮説形成**を学びました。

　扱いたい問題についてルールを検討して、プログラムを作成して動かしてみることがプログラミングです。そして、結果が期待通りでなければその原因を考えてルールを再び検討し、プログラムを修正することがデバッグに当たります。**論理的推論**を積み重ねることで、プログラミングとデバッグを進められます。

キーワード　論理的推論、演繹（デダクション）、帰納（インダクション）、仮説形成（アブダクション）、デバッグ

3-8 モデル化とシミュレーションのまとめ

　ここまでに学んだことの大まかな流れは次の図のようになります。私たちの現実の世界について問題を考えて、分解や一般化、抽象化により簡単な問題や重要な特徴に注目して個別に検討してから組み立てます。必要であれば注目したことを図や絵などでモデル化します。モデル化した結果についてプログラミングする前にシミュレーションして未来を予想する場合もあります。これらは主に演繹、帰納、仮説形成の論理的推論を用いて進めていきますが、最終的なプログラムの仕組みとしてのアルゴリズムやデータ構造の考え方も活用します。

　検討の結果を具体化してプログラミングとして組み立てて、プログラムを実行して得られた結果から、現実の世界において決定をしたり働きかけをしたりして問題を解決します。これらは主に、アルゴリズムとデータ構造といったプログラムの仕組みを用いて進めていきます。そして実行した結果が期待通りではない場合は、デバッグによりいったん戻って原因を分析しプログラムを修正します。このデバッグの活動では、論理的推論も用います。

　図を見るとわかるように、コンピュータを用いて問題を解決するうえで、プログラミングは全体のごく一部にすぎません。プログラミング的思考はコンピュータを用いずに、日常生活におけるさまざまなものごとを整理して、問題を解決することに役立つものです。

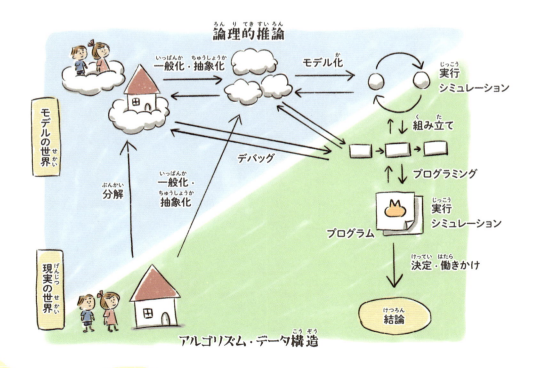

Chapter 4 Scratchで学ぶプログラミング的思考 [作図とゲーム]

4-1 さまざまな図形をScratchで描こう
4-2 Scratchでゲームをつくろう

4-1 さまざまな図形をScratchで描こう

はじめに

　本章では、実際に二種類の複雑な Scratch 作品のプログラミングに取り組み、これまでに学んだプログラミング的思考を応用することで、理解を深めていきます。

　1つ目の作品は、ネコのキャラクターを動かして、さまざまな図形を描くプログラムです。

　2つ目の作品は、1つ目のプログラムを応用して、キャラクターを操作してゴールを目指すゲームのプログラムです。

　それぞれの作品について作成手順を説明していくので、手順を真似して作品づくりに挑戦しましょう。

図形を描く Scratch 作品をつくる準備

　本節では、ネコのキャラクターを動かして、さまざまな図形を描く Scratch 作品のつくり方を説明します。1つの Scratch 作品をつくるためには、複雑なプログラムやさまざまな種類の絵を用意する必要があり、時間がかかってしまいます。そこで、本書では途中までつくったプログラムを改造することで、効率的にプログラミングの学習に集中する方法を取ります。

　早速、途中まで完成したプログラムを元に、Scratch 作品をつくる準備をしていきましょう。

① 図のように、Web ブラウザでベースとなる Scratch 作品のページにアクセスします。

　https://scratch.mit.edu/projects/319277676

　10 ページで紹介した URL には、本書の問題と解答がすべてあります。

❷ 図のように、画面右上にあなたのハンドルネームが表示されていて、サインインできていることを確認します。もし、Scratchのアカウントをつくったことがなければ、[Scratchに参加しよう] リンクを押してScratchアカウントをつくります。すでにScratchのアカウントを持っている場合は、[サインイン] リンクを押してサインインします。

❸ 図のように、画面右上の [リミックス] ボタンを押します。

> **解説** リミックスとは、すでにあるScratch作品を改造して、新しくオリジナル作品をつくることです。今回は筆者が途中までつくったプログラムを改造することで、プログラミングを学んでいきましょう。

❹ 図のように、ベースとなるScratch作品のプログラムの内容が表示され、「プロジェクトのリミックスが保存されました。」と表示されることを確認します。

> 本章の手順を通してつくった完成版の作品は以下のURLにあります。
>
> https://scratch.mit.edu/studios/25116385/
>
> もし、手順通りに進めても上手く動かない場合は、完成版のプログラムを参考にしてみてください。

三角形を描く

　ベースとなるScratch作品には、画面上部に11個のボタンがつくられています。ただし、ボタンを押したときのプログラムはつくられていません。これからプログラムを改造して、各ボタンを押すことでネコのキャラクターが動くようにします。ネコが動いた跡に線を描くことで、ボタン名の図形が表示されるようにしていきます。

　まずは、[正三角形]ボタンを押すと、ネコが正三角形を描くようにプログラムを変更していきましょう。正三角形の1辺の長さは200でつくりましょう。

　Scratchにはキャラクタの向きを変えたり、向いてる方向へまっすぐ進める命令が用意されています。今回のプログラム用に、著者がつくった特別な[進む]というオリジナルのブロックを用意してあります。

　Scratchでもともと用意されている[進む]では、瞬時に指定した歩数分ネコを移動させますが、筆者の[進む]では、一定の速さで指定した歩数分ネコを移動させるため、ネコが移動する様子がわかりやすくなります。

　改造前のプログラムでは、🚩が押されたときにネコの設定を調整していて、プログラムでネコを動かすと、動いた跡に黒い線が描かれるようになっています。

　それでは、Scratchにもともと用意されている ↻ ◯ 度回す と筆者がつくった ◯ 歩進む のブロックを使って、プログラムをつくってみましょう。

❶ プログラムで描く正三角形の特徴を考えてみましょう。三角形の内側の角（内角）の和が180°なので、図のように正三角形の内角の大きさは 180÷3 の 60° で外側の角（外角）の大きさは 180-60 の 120° になります。また、1辺の長さは 200 です。

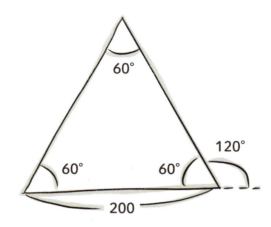

❷ どのようにして、正三角形をプログラムで描けるか考えてみましょう。

正三角形を各辺に分解して考えてみましょう。分解の考え方は、3-1節で学びましたね。プログラムの開始時にネコは右を向いていて、そのまままっすぐ進めば「辺1」を描けます。「辺1」を描いた後に「辺2」を描くためには、正三角形の外角に沿って反時計回りに120°回転させてから、まっすぐ進みます。同じように「辺3」も描けそうですね。

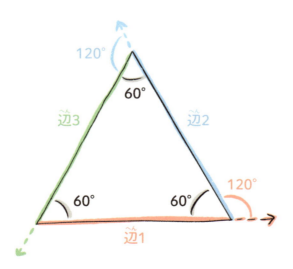

❸ プログラムをつくる方針がわかってきました。早速、ネコのプログラムを描いてみましょう。図のように、画面右下のスプライトインフォペインでネコのキャラクターを選択します。

❹ 画面の左上のタブでコードが選択されていて、さらに、画面中央にプログラムの内容が表示されていることを確認します。

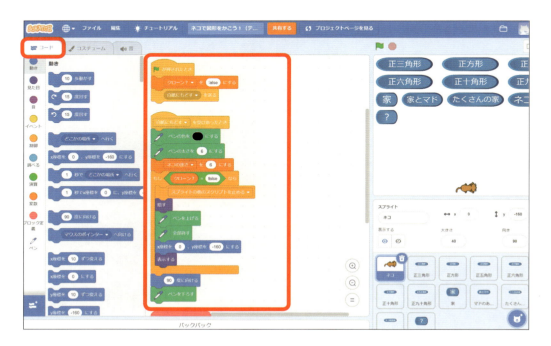

❺ プログラムの内容が表示されている部分を下にスクロールして、新しく図のようなブロックを追加します。 正三角形をかく ▼ を受け取ったとき を使うためには、❶画面左側の[イベント]メニューを押して、❷表示された オリジナルの絵をかく ▼ を受け取ったとき の[オリジナルの絵をかく]の部分を押して、❸[正三角形をかく]に変えます。

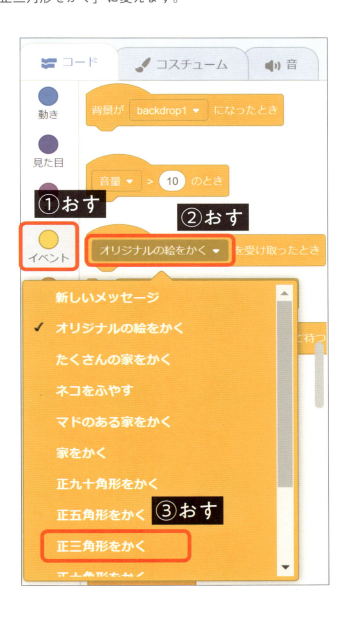

![200歩進む]を使うためには、[ブロック定義]の[歩進む]の白い丸に「200」と入力します。[120度回す]を使うためには、[動き]の[15度回す]の「15」を「120」に変更します。

改造前のプログラムは、[正三角形]ボタンが押されると、「正三角形をかく」というメッセージを送るようになっています。そこで、「正三角形をかく」を受け取ったときに、三角形を描く命令が動くようにプログラムを作成します。

[200歩進む]はネコが向いている方向に200歩分移動させる命令で、[120度回す]はネコの方向を反時計回りに120度回転させる命令です。

⑥ 作品画面の左上にある 🚩 の実行ボタンを押します。

⑦ [正三角形] ボタンを押して、図のようにネコが正三角形を描くことを確認します。

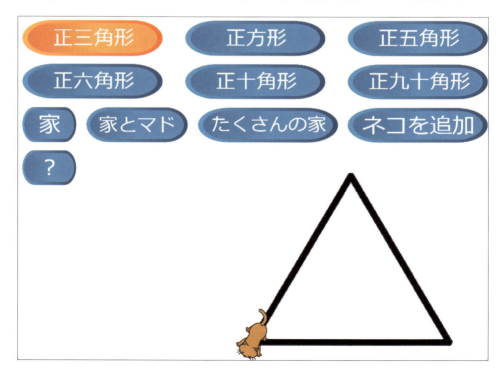

プログラミング問題：正方形を描こう

正三角形を描くプログラムを参考に、 正方形をかく を受け取ったとき から始まるブロックを追加して、[正方形] ボタンが押されると、1 辺の長さが 150 の正方形が描かれるようにプログラムを作成してください。

四角形の内角の和が 360° なので、図のように、正方形の内角の大きさは

　360 ÷ 4 の 90°

で外角の大きさは

　180-90 の 90°

になります。

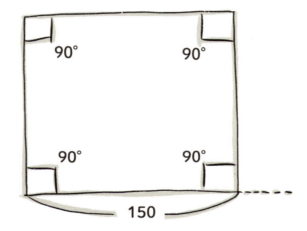

正三角形は辺と角が 3 つだったので、正三角形を描くときに必要な [進む] ブロックと [回す] ブロックは 3 つずつでした。正方形は辺と角が 4 つなので、正方形を描くときに必要な [進む] ブロックと [回す] ブロックは 4 つずつです。

プログラムが完成したら、緑の 🏁 の実行ボタンを押してから [正方形] ボタンを押して、図のようにネコが正方形を描くことを確認してください。

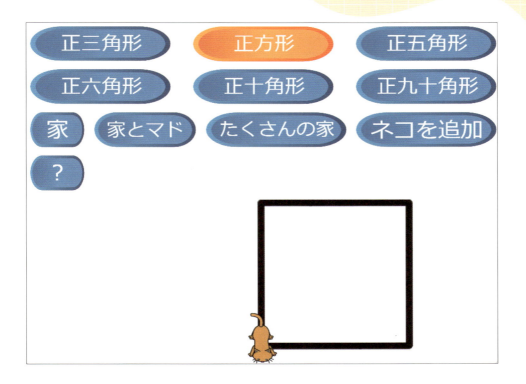

　なお、穴埋め形式でプログラムをつくれるようなヒントを用意していますので、わからない場合はヒントを見てください。

 　図の白い空欄の部分に数字を入れることで、問題のプログラムを完成させることができます。

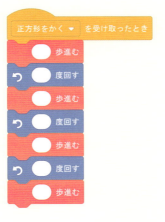

Chapter 4 | Scratchで学ぶプログラミング的思考 [作図とゲーム]

解答例 図が模範解答のプログラムです。一辺の長さが150なので、 150歩進む を使います。また、外角の大きさは90°なので、 90度回す を使います。正三角形のときと同様に、正方形を描くことを4つの辺を描くことに**分解**して**組み立てる**ことで、プログラムのつくり方の方針を決められます。

150歩進む / 90度回す で1辺を描くことができるので、4回繰り返すことで正方形を描けます。

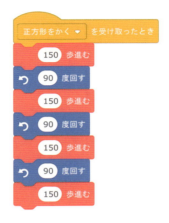

筆者がつくった［進む］ブロックの解説

筆者の［進む］ブロックは、Scratchでもともと用意されている［進む］ブロックと同様に、ネコが向いている方向に、指定した歩数の分だけネコを動かすことができます。しかし、Scratchの［進む］ブロックは指定した歩数の分だけ瞬時にネコを動かすため、指定した歩数によってネコの移動する速さが変化して、ネコが移動する様子がわかりにくくなります。一方、オリジナルの［進む］ブロックは、指定した歩数に関わらず一定の速さで進みます。進む速さを一定にすることで、ネコが移動して図形が描かれる様子をわかりやすくしています。

オリジナルの［進む］ブロックは、Scratchの［◯歩動かす］を使って、図のように定義されています。Scratchの［◯歩動かす］は指定した歩数分だけ瞬時にネコを前に動かすため、一回の［◯歩動かす］で［ネコの速さ］歩だけ動くようにしています。こうすることで、ネコを［ネコの速さ］で指定された一定の速さで動かしています。

また、一回の［◯歩動かす］では、指定された歩数分だけ動くことができないため、［歩数］を［ネコの速さ］で割った回数だけ動かす命令を繰り返し実行しています。

ただし、［歩数］が［ネコの速さ］で割り切れない場合があるので、一番最後の命令で割った余りの歩数分だけネコを動かしています。

```
定義  歩数 歩進む
    ( 歩数 / ネコの速さ ) の 切り下げ ▼  回繰り返す
        ネコの速さ 歩動かす
    
    ( 歩数 を ネコの速さ で割った余り ) 歩動かす
```

まとめ

正三角形や正方形を描くという問題を辺を描くという問題に**分解**して**組み立てる**ことで、プログラムのつくり方の方針を定めました。このように一見難しい問題だとしても、小さな問題の組み合わせとして捉え直すことで、簡単な問題に変えることができます。

キーワード　分解、組み立て　　**ワード**　正三角形、正方形、図形、内角、外角

正五角形を描く

　正三角形と正方形を描くことができたので、次は正五角形を描いてみましょう。辺の数に合わせて使うブロックの数が変わります。正三角形では [200 歩進む] と [↺ 120 度回す] をそれぞれ3ブロック、正方形では [150 歩進む] と [↺ 90 度回す] をそれぞれ4ブロック使いました。正五角形では [○ 歩進む] と [↺ ○ 度回す] をそれぞれ5ブロック使う必要があります。

　正五角形は5つの辺からつくられていて、それぞれの辺の位置は異なります。しかし、長さも内角も同じであるため、5つの辺はすべて同じ命令で描くことができます。各辺と各内角は同じ特徴をもっているため、一般化してみましょう。なお、一般化は3-2節で学びましたね。

　正三角形と正方形と同じように、正五角形の各辺も同じ [○ 歩進む] と [↺ ○ 度回す] のブロックで一般化できそうです。

　そこで、[○ 回繰り返す] を使って同じ命令で各辺を描いてみましょう。5つの辺を描くために、全く同じ [○ 歩進む] と [↺ ○ 度回す] ブロックを何度も追加するのは面倒ですが、すでに学んだ [○ 回繰り返す] を使えば、少ないブロックで同じ命令を何度も実行できます。

　さて、正五角形の内角の和はいくつでしょうか？　図のように、対角線を結ぶことで正五角形を3つの三角形に分けることができます。そこで、3-7節で学んだ演繹を使って、三角形の内角の和から正五角形の内角の和を計算してみましょう。

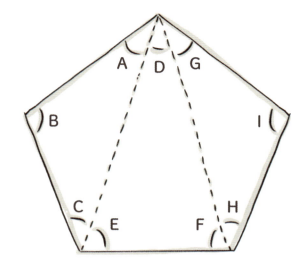

　正五角形の内角の和は、Aの角度＋Bの角度＋Cの角度＋Dの角度＋Eの角度＋Fの角度＋Gの角度＋Hの角度＋Iの角度です。Aの角度＋Bの角度＋Cの角度、Dの角度＋Eの角度＋Fの角度、Gの角度＋Hの角度＋Iの角度はそれぞれ三角形の内角の和にもなりますね。前節で三角形の内角の和は180°と説明しました。

　そのため、Aの角度＋Bの角度＋Cの角度＝180°、Dの角度＋Eの角度＋Fの角度＝180°、Gの角度＋Hの角度＋Iの角度＝180°となります。したがって、Aの角度＋Bの角度＋Cの角度＋Dの角度＋Eの角度＋Fの角度＋Gの角度＝180°＋180°＋180°＝540°と計算できます。

　以上を踏まえて、[繰り返し] ブロックを使って、1辺の長さが100の正五角形を描いてみましょう。

　　正五角形ではない五角形も3つの三角形に分けることができるため、五角形の内角の和も正五角形の内角の和もどちらも540°になります。
　　以降でも、その他の正多角形の内角の和について説明をしますが、内角の数が同じであれば、正多角形であっても、正多角形ではない多角形であっても、内角の和は等しくなります。

❶ プログラムで描く正五角形の特徴を考えてみましょう。正五角形は内角の和が540°なので内角の大きさは540÷5の108°で、外角の大きさは180-108の72°になります。また、1辺の長さは100です。

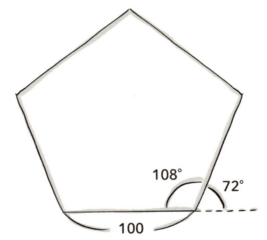

❷ 図のように を追加します。 5 回繰り返す を使うためには、[制御] メニューの中にある 10 回繰り返す の「10」を「5」に変更します。

解説

5回目の 72 度回す は実行しても実行しなくて、正五角形を描くことはできます。

しかし、5回目の [回す] だけ実行しないプログラムをつくると手間が大きくなります。それよりも、5つの辺すべてを 歩進む と 度回す で一般化して、1回目から5回目まで同じブロックを実行してしまったほうが、簡単にプログラムをつくれます。

❸ ▶の実行ボタンを押してから［正五角形］ボタンを押し、図のようにネコが正五角形を描くことを確認します。

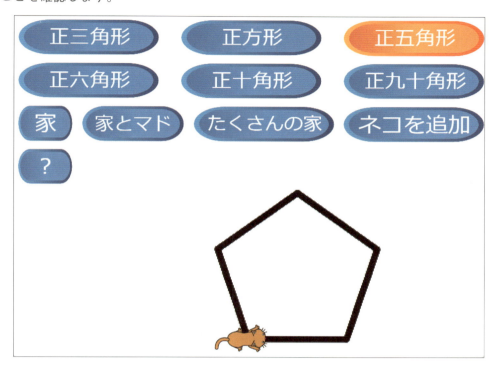

プログラミング問題：正六角形を描く

正五角形のプログラムを参考に、から始まるブロックを追加して、［正六角形］ボタンが押されると、1辺の長さが 100 の正六角形が描かれるようにプログラムをつくってください。

対角線を結ぶことで正六角形を 4 つの三角形に分けることができます。そのため、正六角形の内角の和は 180° x 4 = 720° で、正六角形の内角の大きさは 720 ÷ 6 の 120°、外角の大きさは 180-120 の 60° になります。なお、正五角形のプログラムと同じように、

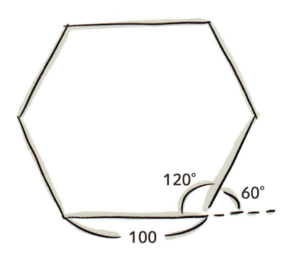

プログラムが完成したら、🏁 の実行ボタンを押してから ［正六角形］ ボタンを押して、図のようにネコが正六角形を描くことを確認してください。

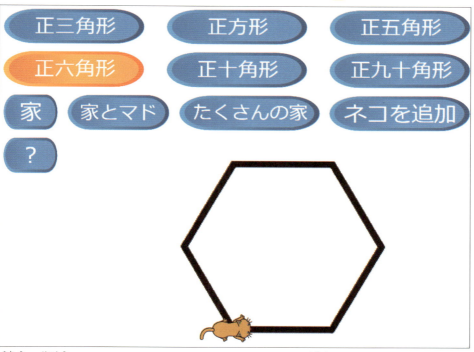

なお、穴埋め形式でプログラムをつくれるようなヒントを用意していますので、わからない場合はヒントを見てください。

 図の白い空欄の部分に数字を入れることで、問題のプログラムを完成させることができます。

Chapter 4 | Scratchで学ぶプログラミング的思考［作図とゲーム］

解答例 図が模範解答のプログラムです。一辺の長さが100なので、`100 歩進む` を使います。

また、外角の大きさは60°なので、`60 度回す` を使います。

各辺は共通の特徴をもっているため、［繰り返し］ブロックを使うことで、少ないブロックで正六角形を描くことができます。

まとめ

　正五角形も正六角形も各辺は共通の特徴をもっています。そのため、各辺を描くために必要な命令は同じです。同じブロックを何度も使ってプログラムをつくると手間がかかりますが、［繰り返し］ブロックを使うことで、必要なブロック数を少なくして手間を減らせます。

　このように、プログラムが扱う対象を一般化することで、効率よくプログラムをつくることができます。

キーワード　一般化、繰り返し、演繹

関連ワード　正五角形、正六角形、内角、外角

正十角形を描く

　これまでに正三角形〜正六角形の描き方を学んできました。次はもう少し内角の数が多い正十角形に挑戦してみましょう。

　正五角形と正六角形は  を使うことで、少ないブロックで描く工夫をしました。

　正五角形では  を使い、正六角形では

 を使いました。正五角形・正六角形に限らず、あらゆる正多角形を描くためには、繰り返しの回数、1辺の長さ、回転する角度の3種類の数値を決める必要があります。

　それでは、正十角形について考えてみましょう。

　1回の繰り返しで1辺を描くため、繰り返しの回数は辺の数（および内角の数）である「10」になります。1辺の長さは自由に決められますが、画面に収まるような大きさである「50」にしてみましょう。

　回転する角度はどうでしょう。

　正三角形・正方形・正五角形・正六角形は、それぞれ1つ・2つ・3つ・4つの三角形に分けられます。3-7節で学んだ帰納の考え方を使うと、正多角形は内角の数から2を引いた数の三角形に分けられるというルールを推論できそうです。

　実際にこのルールは正しく、正十角形であれば8つの三角形に分けることができます。

　三角形の個数に180°をかけることで、内角の和を求められます。また、内角の和を内角の数で割ることで、内角の大きさを求められます。さらに、180°から内角の大きさを引くことで、外角の大きさを求められます。そして、外角の大きさが回転する角度になります。

　最後に、これまで描いた図形と、今から描く正十角形の特徴を表にまとめてみましょう。

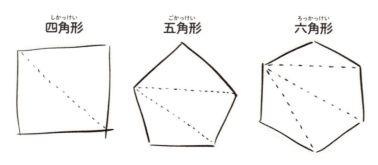

特徴	正三角形	正方形	正五角形	正六角形	正十角形
内角の数	3	4	5	6	10
分けられる三角形の数	1	2	3	4	8
内角の和	180度	360度	540度	720度	1440度
内角の大きさ	60度	90度	108度	120度	144度

特徴	正三角形	正方形	正五角形	正六角形	正十角形
外角の大きさ	120度	90度	72度	60度	36度

　このように内角の数が決まると、回転する角度も決まります。回転する角度は内角の数から計算できるのです。以上の求め方を数式でまとめると、正多角形の内角の和を

　　（内角の数 − 2）× 180

内角の大きさを

　　（内角の数 − 2）× 180 / 内角の数

と表現できます。そして、外角の大きさと回転する角度はどちらも、

　　180 −（内角の数 − 2）× 180 / 内角の数

と表現できます。正十角形の場合は、

　　180 −（10 − 2）× 180 / 10 = 36

なので、回転する角度は36°になります。

　表だけ見ると各図形が異なる特徴をもっていて、共通した特徴がないように見えるかもしれません。しかし、先ほど説明したとおり、内角の大きさは

　　（内角の数 − 2）× 180 / 内角の数

で、外角の大きさは

　　180 −（内角の数 − 2）× 180 / 内角の数

なので、内角と外角の大きさを先ほどの数式で一般化できます。

　以上の考察から、内角の数と長さが決まれば、どんな正多角形でも描けそうです。そこで、内角の数と長さを受け取って、正多角形を描く新しいブロックをつくります。そして、つくったブロックを使って、正十角形を描いてみましょう。

❶ 図を参考に、新しいブロック 内角の数が ◯ で1辺の長さが ◯ の正多角形をかく をつくります。

[引数を追加（数値またはテキスト）] → [ラベルのテキストを追加] → [引数を追加（数値またはテキスト）] → [ラベルのテキストを追加] と4回ボタンを押して、増えた入力欄に「内角の数が」「（内角の数）」「で1辺の長さが」「（長さ）」「の正多角形をかく」と入力します。

一緒だね！

❷ 図のように、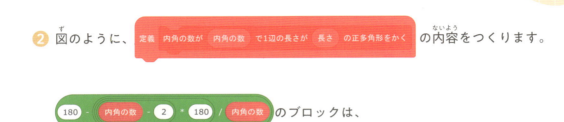の内容をつくります。

のブロックは、

を組み合わせてつくります。

注意 内角の数 と 長さ はピンク色のブロックで、変数やキーボードで入力する文字でないことに注意してください。手順1を終えると、プログラムを記述する場所に

定義 内角の数が 内角の数 で1辺の長さが 長さ の正多角形をかく が自動的につくられます。

そこで、図のように定義のブロックの中にある 内角の数 と 長さ をドラッグアンドドロップすると（マウスの左ボタンを押して、押したままマウスを動かして、最後にボタンから手を離すと）、内角の数 と 長さ のブロックを置くことができます。

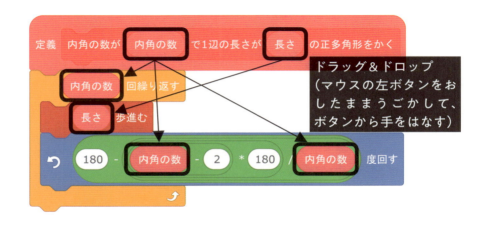

❸ 新しく図のようなブロックを追加します。

先ほどつくった 内角の数が ◯ で1辺の長さが ◯ の正多角形をかく は、[ブロック定義] メニューの中にあります。

正十角形をかく ▼ を受け取ったとき
内角の数が 10 で1辺の長さが 50 の正多角形をかく

❹ 緑の 🏁 の実行ボタンを押してから [正十角形] ボタンを押すと、図のようにネコが正十角形を描くことを確認します。

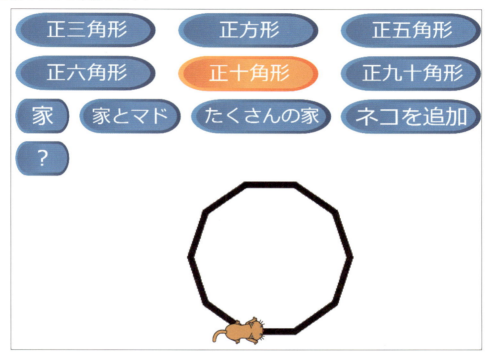

プログラミング問題：正九十角形を描く

　これまで描いてきた図形を見返すと、正三角形よりも正方形、正方形よりも正五角形、正五角形よりも正六角形、正六角形よりも正十角形の方が円に近い図形であることがわかります。以上の経験をもとに3-7節で学んだ帰納を使うと、内角の数が増えると図形が円に近づくと推論できそうです。

　それでは、もっと極端に正多角形の内角の数を増やすと、どのような図形を描かれるか実験してみましょう。これは、図形を描くシミュレーションによって、推論が正しいかどうか検証することとなります。

　正十角形のプログラムを参考に、 正九十角形をかく を受け取ったとき から始まるブロックを追加して、[正九十角形] ボタンが押されると、1辺の長さが5の正九十角形が描かれるようにプログラムをつくってください。

　ただし、 内角の数が ◯ で1辺の長さが ◯ の正多角形をかく を使ってください。

　プログラムが完成したら、緑の 🏁 の実行ボタンを押してから [正九十角形] ボタンを押して、図のようにネコが正九十角形を描くことを確認してください。

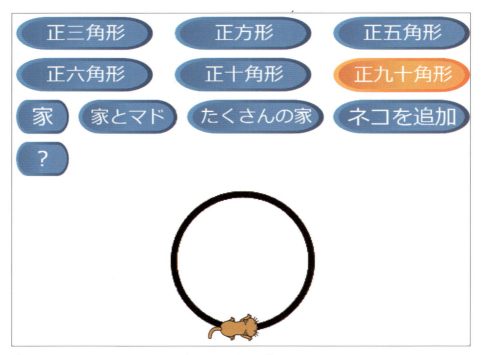

　内角の数が増えれば増えるほど、正多角形が円の図形に似てくることがわかりますね。

解答例

 解説　図が模範解答のプログラムです。正多角形の内角と外角の大きさを一般化できているため、 内角の数が ◯ で1辺の長さが ◯ の正多角形をかく を使うと、簡単に正多角形を描くことができますね。

まとめ

　前節では正五角形や正六角形の各辺が同じ特徴をもっているということに注目して一般化しました。一方、本節ではさまざまな正多角形について、内角と外角の大きさが異なっていても、背後にある数式が同じであることに注目して、正多角形を描くことを一般化しました。

　このように、異なって見えるものであっても、よく考えると同じ特徴があり一般化できることがあります。

キーワード　一般化、ブロック定義、帰納、シミュレーション

関連ワード　正十角形、正多角形、内角、外角

家を描こう

　これまでさまざまな正多角形を描いてきました。今度は複数の正多角形を組み合わせて、複雑な絵を描きます。今回は正方形の上の辺に正三角形を乗せることで、家のような形の絵を描いてみましょう。前節で一般化してつくった正多角形を描くブロックを活用してみます。

❶ 図のように、新しく  を追加します。

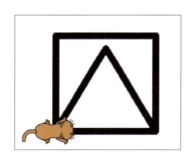

❷ 緑の 🏳 の実行ボタンを押してから［家］ボタンを押して、図のようにネコが正方形の中に正三角形を描くことを確認します。

`内角の数が 4 で1辺の長さが 100 の正多角形をかく` を実行すると、元の位置・元の向きに戻ります。

そのまま、`内角の数が 3 で1辺の長さが 100 の正多角形をかく` を実行しても家の形にならず、上図のように、正方形に重なるように正三角形が描かれてしまいます。

正しくは、次図のように正方形の左上の頂点から右側を向いた状態で、`内角の数が 3 で1辺の長さが 100 の正多角形をかく` を実行、四角形の上に三角形が描かれる（ー ー ー）必要があります。

そこで、`内角の数が 4 で1辺の長さが 100 の正多角形をかく` を実行した後に、正方形の左上の頂点から右側を向く状態になるようにネコを移動させるプログラムにしましょう。

Chapter 4 | Scratch で学ぶプログラミング的思考 [作図とゲーム]

❸ 図のように、`家をかく ▼ を受け取ったとき` のプログラムの内容を変更します。

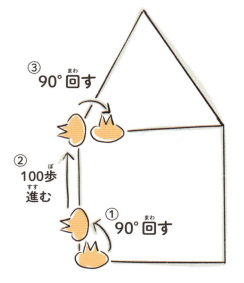

❹ 緑の 🚩 の実行ボタンを押してから [家] ボタンを押して、図のように ネコが家の形の絵を描くことを確認します。

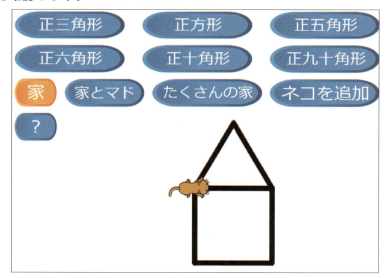

窓のある家を描こう

家は正方形と正三角形を1個ずつ組み合わせて描くことができました。言い換えると、家の絵は正方形と正三角形に分解して描くことができました。ここでも 3-2 節の分解の考え方が使われていますね。次は、もう少し複雑な絵を描いてみましょう。

家には窓が付いていることが多いですね。そこで、正方形の中に小さな正方形を描いて、窓も表示されるようにしてみましょう。まずは、1つだけ窓を描いてみます。

❶ 図のように、新しく マドのある家をかく ▼ を受け取ったとき を追加します。

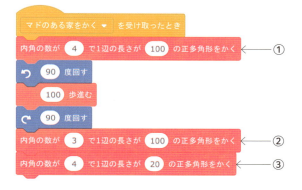

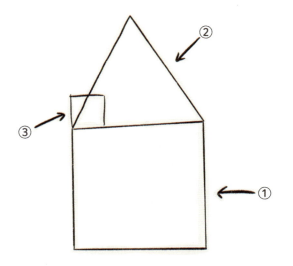

❷ 緑の 🚩 の実行ボタンを押してから［家とマド］ボタンを押して、図のように正三角形と小さな正方形が重なった絵が表示されることを確認します。

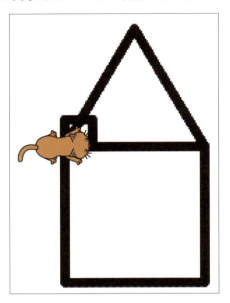

家を描くときの失敗と同じように、正三角形を描いた直後に小さな正方形を描くと、正三角形と正方形が重なって表示されてしまいます。

正しくは、図のように正方形の中から右側を向いた状態で、

内角の数が 4 で1辺の長さが 20 の正多角形をかく を実行し、大きな正方形の中に小さな正方形（━ ━ ━）が描かれる必要があります。

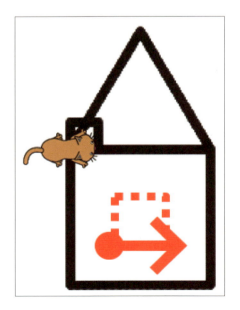

❸ 図のように、新しく マドのある家をかく を受け取ったとき のプログラムの内容を変更します。

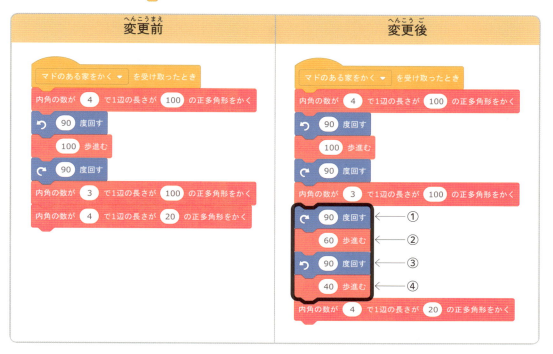

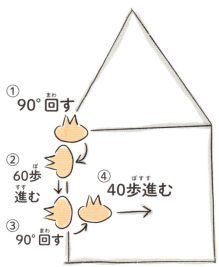

❹ 緑の 🏁 の実行ボタンを押してから［家とマド］ボタンを押して、図のようにネコが窓のある家の絵を描くことを確認します。

無事、窓のある家の形になりましたが、図のようにネコが壁から窓へ移動する際に、黒い線を描いてしまっています。ネコが壁から窓へ移動するときは、線を描かないようにしてみましょう。

ブロックパレットのメニューに［ペン］があります。この中に、ネコが線を描かないようにするブロックがあります。🖊ペンを上げる を実行すると、ネコが動いても線を描かなくなります。一方、🖊ペンを下ろす を実行すると、ネコが動くと線を描くようになります。

改造前のプログラムでは、🏁が押されたときに 🖊ペンを上げる を実行しています。そのため、🖊ペンを下ろす を実行せずにネコを動かすと、ネコが線を描くようになっています。

それでは、壁から窓に移動するときに 🖊ペンを上げる を実行して、窓を描くときに 🖊ペンを下ろす を実行するように修正してみましょう。

❺ 図のように、新しく[マドのある家をかく]を受け取ったときのプログラムの内容を変更します。

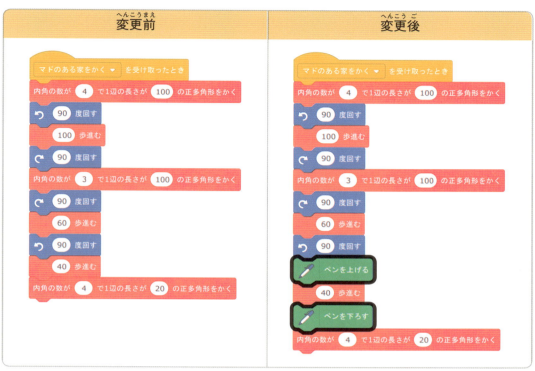

❻ ▶の実行ボタンを押してから［家とマド］ボタンを押して、図のようにネコが窓のある家の絵を描くことを確認します。

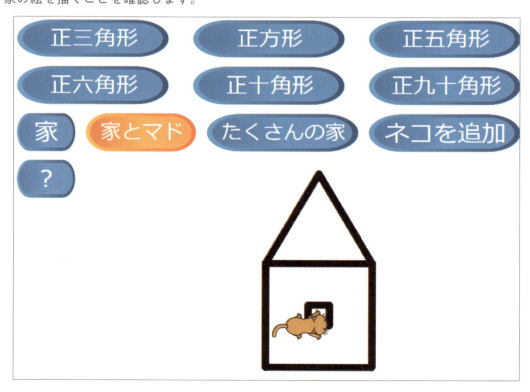

Chapter 4 | Scratchで学ぶプログラミング的思考 [作図とゲーム]

プログラミング問題：窓のある家を描く

プログラムを参考に、図のように2つの窓を描くように、`マドのある家をかく ▼ を受け取ったとき` のプログラムを変更してください。

なお、今回も `ペンを上げる` と `ペンを下ろす` を使う必要があります。

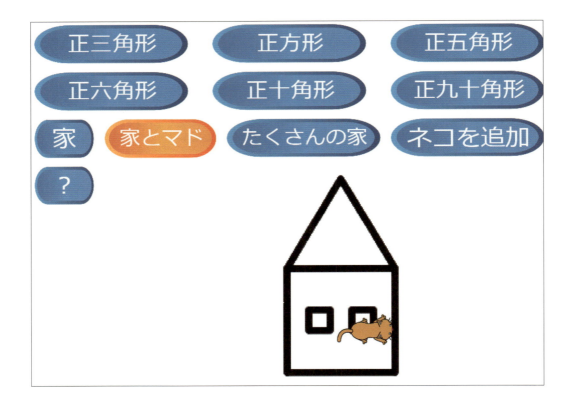

図の白い空欄の部分に数字を入れることで、問題のプログラムを完成させることができます。

なお、ブロックは、のどちらかです。

Chapter 4 | Scratchで学ぶプログラミング的思考［作図とゲーム］

解答例

解説

図が模範解答のプログラムです。を使わないパターンなど、さまざまなプログラムの書き方はありますので、模範解答と同じプログラムにならなくても大丈夫です。

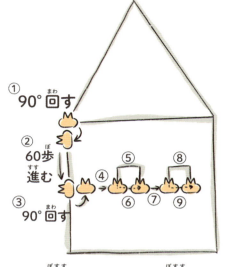

まとめ

本節では、家を正方形と正三角形に分解することで、家という複雑な図形を描く問題を、複数の正多角形を描くという問題に捉え直しました。さらに、前節で正多角形を描くことを一般化したおかげで、正多角形を描く問題を簡単に解くことができました。

キーワード　分解、一般化

関連ワード　正三角形、正方形、家、窓

二棟の家を描こう

前回は窓のある家を描くことができました。今回は家を増やして町を描いてみましょう。まず、二棟の家を描けるようにプログラムを変更してみましょう。

正多角形を描くときは、新しくブロックをつくることで、簡単にさまざまな種類の正多角形を描くことができました。

今回も同じように、窓のある家を描くブロックをつくることで、簡単に二棟の家を描けるようにしてみます。

❶ 図を参考に、新しいブロック 定義 マドのある家をかく をつくります。

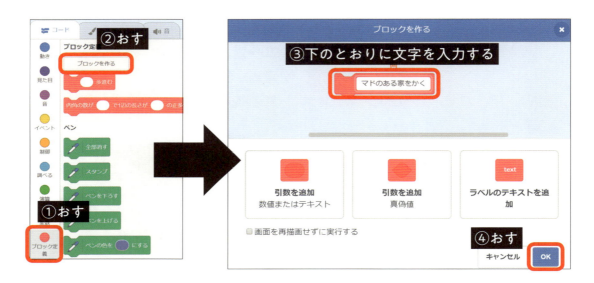

❷ 図のように、新しく 定義 マドのある家をかく を追加して、

マドのある家をかく ▼ を受け取ったとき のプログラムを変更します。

❸ 図のように、🚩を押してから、[家とマド] ボタンを押したときの絵に変化がないことを確認します。

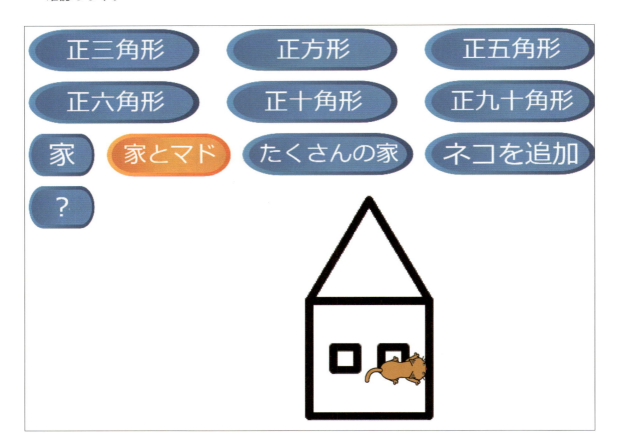

 手順❶では、新しく マドのある家をかく というブロックをつくりましたが、プログラム全体の意味は変化していません。このように、プログラムの意味を変えずにプログラムの内部の構造を変えることをリファクタリングと呼びます。リファクタリングでは、ほかの人がプログラムを読みやすくしたり、プログラムの質を上げるために行うケースが多いです。

❹ 図のように、新しく [たくさんの家をかく▼を受け取ったとき] を追加します。

解説

手順❶で、新しく [マドのある家をかく] をつくったおかげで、簡単に二棟の家を描くプログラムをつくることができました。繰り返しの命令を使って何度も同じ命令を実行することはできますが、その場合、同じ命令を連続して実行する必要があります。

一方、新しいブロックをつくって、そのブロックを使う場合は、手順❸でつくったプログラムのように、好きなタイミングで何度もつくったブロックの命令を実行することができます。

❺ 図のように、🚩 を押してから、「たくさんの家」ボタンを押すと、二棟目の家が壊れて表示されることを確認します。

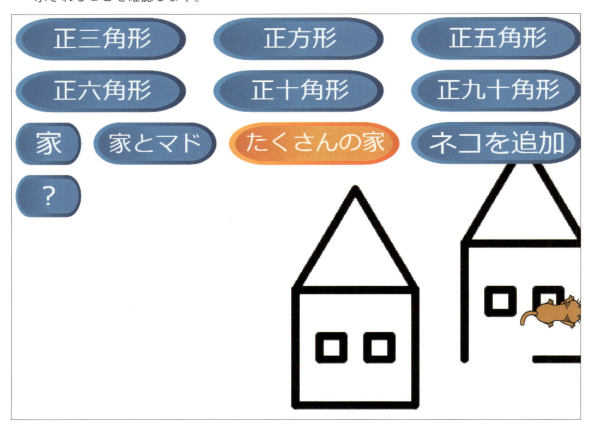

注意　前回の問題でつくった マドのある家をかく▼ を受け取ったとき のプログラムの内容によっては、図とは違うような絵が描かれることがありますが、以降の手順どおりに変更していけば大丈夫です。

前回の問題の模範解答では、 マドのある家をかく▼ を受け取ったとき を実行すると、ネコの位置が最初の位置とは違う場所へ移動してしまいます。このようなプログラムのままでは、続きの絵を描くときのネコの位置がわかりにくいため、プログラムを改造することが難しくなってしまいます。

そこで、 定義 マドのある家をかく のプログラムを変更して、ネコが最初の位置に戻るようにしましょう。あわせて、ペンの状態についても、ペンを下げた状態に戻しておきましょう。

6 図のように、新しく 定義 マドのある家をかく を追加して、
マドのある家をかく▼ を受け取ったとき のプログラムを変更します。

❼ 図のように、🚩 を押してから、[たくさんの家] ボタンを押すと、正しく二棟の家が表示されることを確認します。

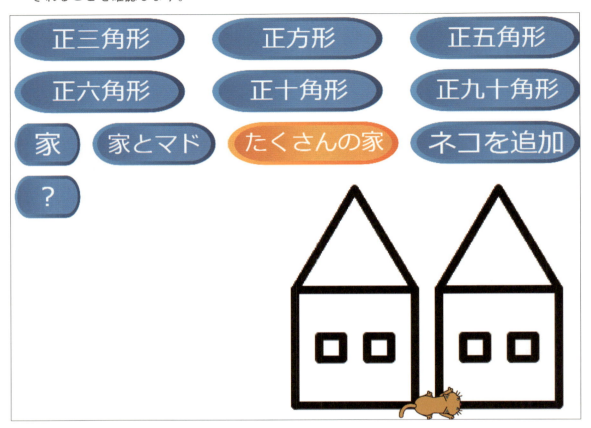

プログラミング問題：三棟の家を描こう

［二棟の家を描こう］のプログラムを参考に、図のように家を三棟描くように `たくさんの家をかく ▼ を受け取ったとき` のプログラムを変更してください。

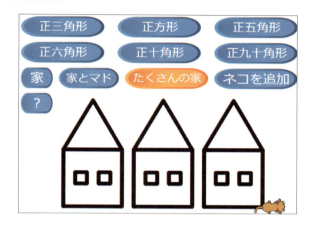

図の白い空欄の部分に数字を入れることで、問題のプログラムを完成させることができます。

なお、ブロックは、 のどちらかです。

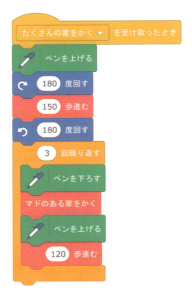

 図が模範解答のプログラムです。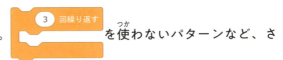を使わないパターンなど、さまざまなプログラムの書き方はありますので、模範解答と同じプログラムにならなくても大丈夫です。

ネコを追加する

　これまで1匹のネコがさまざまな絵を描いてきました。ネコは動いたあとに線をかくという機能をもっていて、この機能を使ってさまざまな図形を描いてきました。ネコにさまざまな図形を描いてもらうために、これまでのプログラムではメッセージの仕組みを使っていました。あなたがボタンが押すと、ネコのスプライトに特定の図形を描くようなメッセージが送られていました。

　Scratchでは簡単に画面上の絵（スプライト）のコピー（クローン）をつくることができます。そして、メッセージはクローンも含めて、すべてのスプライトに届くという特徴をもっています。たとえば、図のようにネコのスプライトの本体が1匹とクローンが2匹いる状況を考えてみましょう。

　この状況で、[家とマド] のボタンを押すと、3匹全員に「マドのある家をかく」メッセージが届き、画面上のすべてのネコが一斉に同じ絵を描くようになります。

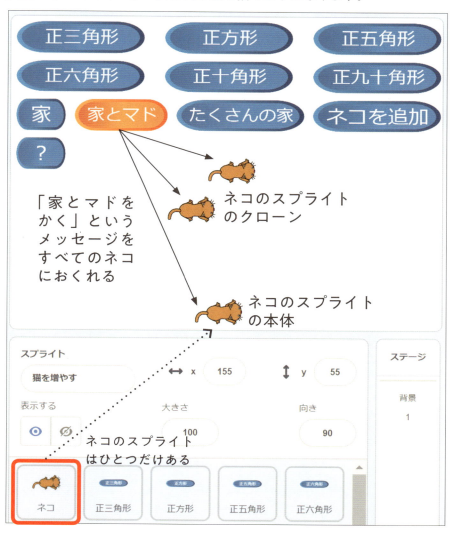

3-4節で抽象化を学びましたが、実はネコとメッセージによって、図形を描くという仕組みが抽象化されています。たとえば、「正三角形」ボタンの中につくられているプログラムによって、ボタンが押されたときにすべてのネコに「正三角形をかく」というメッセージを送ります。このボタンは正三角形をどうやって描くかという細かい処理の内容を意識することなく、「正三角形をかく」ということだけを意識して、ネコに命令を与えることができます。

そして、ネコが2匹だろうが3匹だろうが、「正三角形をかく」ということだけを伝えれば、すべてのネコに正三角形を描いてもらうことができるのです。早速ネコのクローンをつくるプログラムをつくって、ネコとメッセージによる抽象化の便利さを確認してみましょう。

❶ 図のように、新しく ネコをふやす▼ を受け取ったとき を追加します。

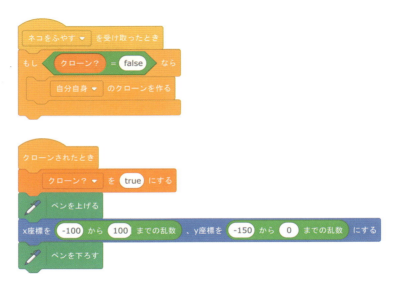

> **解説**
> クローン? は本物のネコかクローンのネコかを判別するための変数です。改造前のプログラムは 🚩 が押されたときに、本物のネコの変数に「false」を代入しています。
>
> そこで、クローンするときにクローンの クローン? 変数に「true」を代入します。本物のネコの クローン? 変数は「false」のまま変わらないため、クローン? 変数が「false」か「true」かで、本物のネコかクローンのネコかを判別できます。
>
> 乱数とは、ランダムに選ばれた数のことを指します。ネコのクローンが画面の端に置かれない範囲で、ランダムにx座標とy座標の値を決めています。

❷ [ネコを追加] ボタンを押すと、ネコに「ネコをふやす」メッセージが送られます。何回か「ネコの追加」ボタンを押してから [家とマド] ボタンを押すと、図のようにたくさんの家が描かれることを確認します。

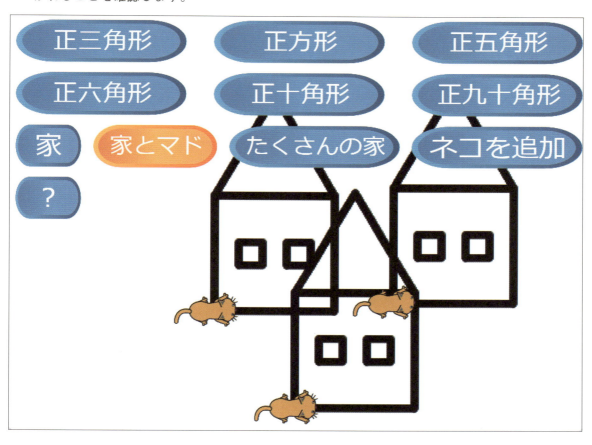

 解説　ほかのボタンも押してみて、たくさんのネコの動きを確認してみましょう。画面端にネコがいる場合、画面端でネコが止まってしまうため、きれいな図形が描かれないことがあります。

：オリジナルの絵を描こう

［?］ボタンを押すと、「オリジナルの絵をかく」というメッセージが送られるようになっています。新しく「オリジナルの絵をかく を受け取ったとき」を追加して、オリジナルの絵を描くプログラムをつくってください。

解答例 皆さんはオリジナルの絵を描けたでしょうか？
参考までに、星型の図形と木の図形を描くプログラムを紹介します。
次のプログラムを実行すると、図のような星型の図形を描けます。

プログラム　　　　　　　　　　実行結果

次のプログラムを実行すると、図のような木の図形を描けます。

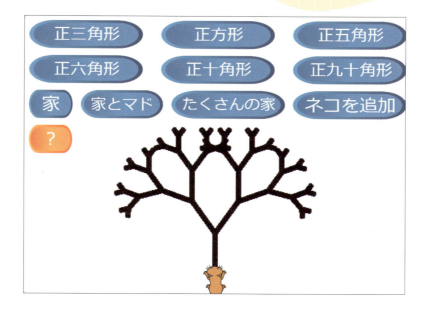

> **解説**
> 　この図形はフラクタル図形と呼ばれ、どんな枝の形も木の全体の形と似ているという特徴をもっています。また、プログラムでは `定義 みきの高さが みきの高さ の木をかく` の中に、`みきの高さが みきの高さ - 10 の木をかく` が入っていて、自分自身のブロックを実行するという特殊な内容になっています。
> 　このように自分自身のブロックを実行することを、再帰呼び出しとよびます。

まとめ

　本節では、ネコと**メッセージ**によって**抽象化**された仕組みを活用することで、複数のネコを同時に動かして、ネコと同じ数の図形を描くことに挑戦しました。**抽象化**することで、プログラムをつくる人は**抽象化**された部品の細かい仕組み（たとえば、どうやって図形を描くか）を考えることなく、家を描くということだけを考えて、たくさんの図形を描くという複雑なプログラムを実現しました。

　このように、上手く**抽象化**を活用することで、わたしたちは簡単により複雑なプログラムをつくれるようになります。

キーワード 抽象化　　**関連ワード** スプライト、クローン、メッセージ

4-2 Scratchでゲームをつくろう

はじめに

　Scratchではさまざまなジャンルのゲームをつくることができます。今回は、前節で学んだプログラミングで図形を描く方法を応用して、「ペンプラットフォーマー」というジャンルのゲームづくりに挑戦してみましょう。

　「ペンプラットフォーマー（Pen Platformer）」はペン（Pen）＋プラットフォーマー（Platformer）を指します。

　「プラットフォーマー」とは、任天堂が販売するマリオシリーズなどのゲームのように、キャラクターを操作して、敵や穴を避けながらキャラクターをゴールへ移動させるゲームです。

　「ペン」とは、絵を描くためのペンのことを指し、図形を描くときに使ったペン機能のことです。

　そして、「ペンプラットフォーマー」とは、なるべく画像などを使わずにプログラムで円や線などを描くことで、キャラクターやマップを表現したプラットフォーマーのゲームのことです。

　さぁ、Scratchのペン機能を使って、ペンプラットフォーマーのゲームづくりを始めましょう。

ペンプラットフォーマー作品で遊んでみよう

　Scratchにはさまざまなペンプラットフォーマーの作品が投稿されています。画面上部にある検索窓に「pen platformer」と入力して、検索してみてください。図のようにさまざまな作品が表示されるので、いくつか遊んでみると良いでしょう。

ペンプラットフォーマーの Scratch 作品をつくる準備

1. 図のように、Web ブラウザでベースとなる Scratch 作品のページにアクセスします。

    https://scratch.mit.edu/projects/320105152

2. 前節の『図形を描く Scratch 作品をつくる準備』と同様に、図のように [リミックス] ボタンを押します。

3. 図のようにベースとなる Scratch 作品のプログラムの内容が表示され、「プロジェクトのリミックスが保存されました。」と表示されることを確認します。

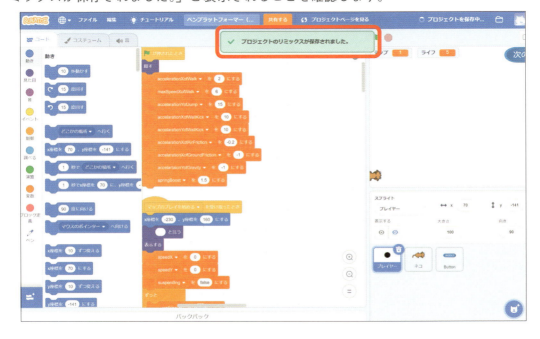

Chapter 4 | Scratchで学ぶプログラミング的思考 [作図とゲーム]

本節の手順を通してつくった完成版の作品は以下のURLにあります。もし、手順通りに進めても上手く動かない場合は、完成版のプログラムを参考にしてみてください。

https://scratch.mit.edu/studios/25116385/

簡単にゴールできるマップ1をつくる

　ベースとなるScratch作品のプログラムには、最初からさまざまな機能が入っています。これらの機能を理解しながら、ペンプラットフォーマーのゲームづくりを進めていきます。

　まず、作品画面の左上にある 🏳 の実行ボタンを押してみましょう。図のようにネコが表示されますね。

　前節（4-1）のScratch作品と同じように、ネコを動かして線を描くことができます。描いた線がそのままマップとなります。マップを描いたあとは、ゲームを開始するメッセージを送ることで、黒丸●のキャラクターが表示されてゲームが始まります。

　次の手順に従って図のようなマップ1を描いて、ゲームを開始するメッセージを送ってみましょう。

200

マップ1では黒色と緑色の線を使っていますが、ほかにも赤色・青色の合計4種類があります。
黒色は普通の地面を表しており、キャラクターは上を歩くことができます。
緑色はゴールを表しており、キャラクターがたどり着くとマップのクリアとなります。
赤色はトラップを表しており、キャラクターが触れるとライフを失い、マップの最初の位置に戻されます。
青色はジャンプ台を表しており、キャラクターが触れると強制的に大きなジャンプをさせられます。

❶ 図のようにネコの画像を選択します。

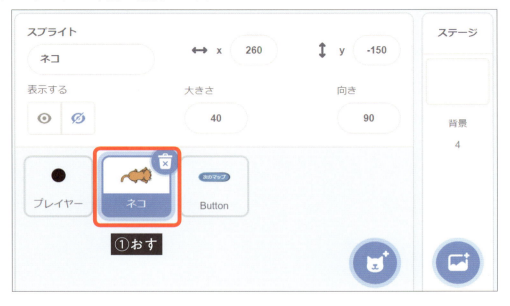

Chapter 4 | Scratchで学ぶプログラミング的思考［作図とゲーム］

❷ プログラムの内容が表示されている部分を下にスクロールして、図のように

`マップ1 ▼ を受け取ったとき` を追加します。`マップ1 ▼ を受け取ったとき` を使うためには、画面左側の［イベント］メニューの中にある `DrawStage▼ を受け取ったとき` の［DrawStage］の部分を押して、［マップ1］に変えます。

`x座標を -230 、y座標を -150 にする` は［動き］の中にあります。

`ペンを黒色（歩ける地面）に変えて、ペンを下ろす` は［ブロック定義］の中にあります。

`250 歩進む` を使うためには、［ブロック定義］の `〇 歩進む` の白い丸に「250」と入力します。`ペンを上げる` は［ペン］の中にあります。

```
マップ1 ▼ を受け取ったとき
x座標を -230 、y座標を -150 にする
ペンを黒色（歩ける地面）に変えて、ペンを下ろす
    300 歩進む
ペンを緑色（ゴール）に変えて、ペンを下ろす
    200 歩進む
```

注意 画面左側の［動き］の中にある `x座標を -230 、y座標を -150 にする` の「-230」と「-150」は変わることがあります。このブロックを使うときは、x 座標が「-230」で y 座標が「-150」になっていることを必ず確認してください。

もしもなっていない場合は、数値を変更してから使ってください。

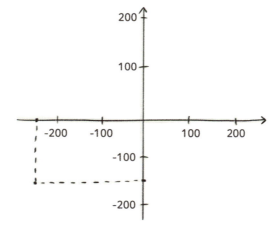

❸ 作品画面の左上にある 🚩 の実行ボタンを押して、図のようにマップをネコが描き、それ以上は何も動かないことを確認します。

④ マップを描いたあとにゲームを開始できるように、図のようにプログラムを変更します。

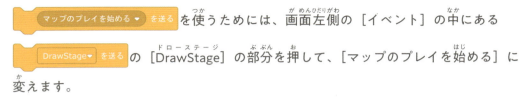

を使うためには、画面左側の［イベント］の中にある［DrawStage］の部分を押して、［マップのプレイを始める］に変えます。

⑤ 作品画面の左上にある 🚩 の実行ボタンを押して、図のように●が上から降ってくることを確認します。

❻ ●はあなたが操作するキャラクターです。←→キーを押して、キャラクターを動かしてみましょう。緑の線までたどり着けば、図のようにゴールとなります。

 実は前節で図形を描くときに使った「ネコ」のプログラムと、本節でマップを描くために使っている「ネコ」のプログラムはほとんど同じです。これは、「ネコ」を線を描くための仕組みとして抽象化しているためです。

このように、抽象化によって、さまざまなプログラムから活用できる便利な部品をつくることができます。

ふりかえり
前節では図形を描くプログラムについて学びましたが、本節から図形の代わりにマップを描くプログラムを扱っていきます。
今回はゲームの基本ルールを理解して、簡単なマップづくりに取り組みました。

少しだけ難しくなったマップ2をつくる

それでは、もう少しだけ難しいマップをつくってみましょう。⬆️キーを押すとキャラクターをジャンプさせることができます。そこで、図のようなジャンプが必要なマップをマップ2としてつくってみましょう。

なお、キャラクターが穴に落ちると、キャラクターがスタート地点に戻されて、ライフが1減ります。

❶ ネコの画像が選択されていることを確認してから、図のように <kbd>マップ2 ▼ を受け取ったとき</kbd> を追加します。

❷ プログラムをつくっている最中はマップ1を飛ばしてマップ2を試したいですね。そこで、マップ2からゲームを始められるようにするため、図のように <<背景が ゲーム画面 になったとき>> のブロックを変更します。

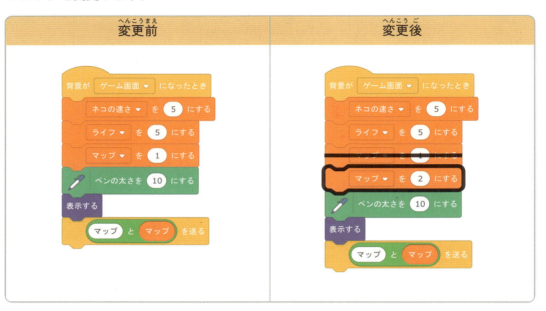

❸ 作品画面の左上にある 🚩 の実行ボタンを押して、図のようなマップが表示されることを確認します。それから、キャラクターを操作してゴールしてみましょう。

> **ふりかえり**
>
> 今回は穴の仕組みを紹介して、穴があるマップをつくりました。穴の大きさや位置によってマップの難しさが変わっていきます。
> ほかにどんな穴をつくると面白いマップになるか考えてみましょう。

プログラミング問題：マップ3をつくろう

マップ2のプログラムを参考にして、図のようなマップ3をつくってみましょう。

ただし、[3回繰り返す]など［繰り返し］ブロックを使わずにつくってみてください。また、［少しだけ難しくなったマップ2をつくる］の手順❷を参考にして、ゲームがマップ3から始まるようにしてください。

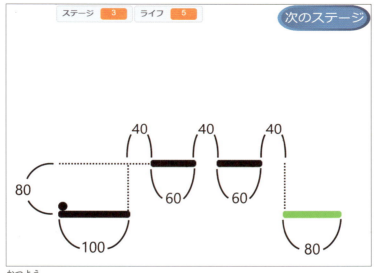

コピー機能を活用しよう

マップ3はマップ2と似ているため、マップ2のブロックのコピーをつくり、コピーをマップ3用に変更すると、簡単にマップ3をつくれます。コピーをつくるためには図のように、[マップ2を受け取ったとき]を右クリックして、［複製］を押してください。

ヒント 図の白い空欄の部分に数字を入れることで、問題のプログラムを完成させることができます。

解答例

右図が模範解答のプログラムです。

を使えないと、何度も同じようなブロックを追加する必要があり、プログラムづくりが大変ですね。

ふりかえり

今回は[繰り返し]ブロックを使わずに、コピー機能を使って同じような地面と穴があるマップをつくりました。

コピー機能は便利な機能なので、今後も使える場面があれば、是非使ってみてください。

まとめ

図形を描くプログラムとゲームのプログラムは、一見すると大きく異なりますが、実は前節のネコも本節のネコも、最初から入っているプログラムはほとんど同じです。ネコを一定の速さで線を描く仕組みとして抽象化しているため、前回と同じように 歩進む や 度回す などのブロックが使え、さらに、マップ（ある種の図形）を描く過程を表示することができています。

このようにプログラムの一部を部品として使い回すことを、再利用と呼びます。

キーワード 抽象化、再利用　　**関連ワード** ペンプラットフォーマー

［繰り返し］ブロックでマップ4をつくろう

マップ3の問題では、あえて  を使わずにプログラムをつくりました。しかし、高い位置の地面を描くために、図のようなブロックを何度も書くことになりました。何度も同じブロックを書くのは大変ですし、ブロックが長くなると読むのも大変になります。さらに、もし、すべての高い位置の地面の幅を変えたくなった場合、いくつもの 60 歩進む の「60」という数値を書き換えることとなり大変です。

そこで、今回は 回繰り返す を使って、図のようなマップ4を描いてみましょう。すでに学んだように、［繰り返し］ブロックを使うことで、先ほどの問題を解決できます。

❶ ネコの画像が選択されていることを確認してから、図のように マップ4▼ を受け取ったとき を追加します。

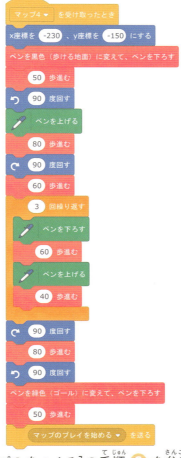

❷ [少しだけ難しくなったマップ2をつくる]の手順 ❷ を参考にして、ゲームがマップ4から始まるようにしてください。

❸ 作品画面の左上にある 🏁 の実行ボタンを押して、図のようなマップが表示されることを確認します。それから、キャラクターを操作してゴールしてみましょう。

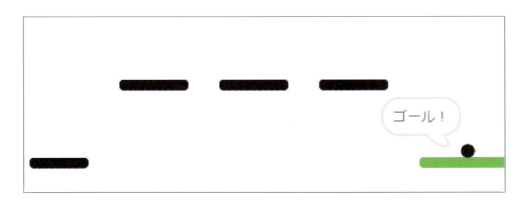

マップ4を構成する線について、それぞれの特徴を考えてみましょう。表で各線の特徴をまとめました。表を見ると、2番目から4番目の線は全く同じ特徴をもっていることがわかりますね。4-2節では、正五角形と正六角形の各辺が同じ特徴をもっていることに着目して、[繰り返し]ブロックをつくって少ないブロックで図形を描くプログラムをつくりました。

今回も同じように、[繰り返し]ブロックで2番目から4番目の線を描いています。

特徴	線の長さ	線の色	右隣の線との距離	線の上下の位置
左から1番目の線	50	黒	80	下
左から2番目の線	60	黒	40	上
左から3番目の線	60	黒	40	上
左から4番目の線	60	黒	40	上
左から5番目の線	50	緑	右隣の線なし	下

を使うことで、4ブロックで3本の同じ線を描くことができました。もしも、繰り返しを使っていなければ、12ブロックも使う必要があります。このように、繰り返しを使うことで、必要なブロックの数を減らすことで、プログラムを作る手間と読む手間を減らせます。

さらに、繰り返しを使っているともう1つ良い点があります。もし、3本の代わりに4本の線を描きたいと思った場合、プログラムの一ヵ所だけを変更すれば良いです。ここでミニクイズです。どのブロックのどの部分を変更すれば良いでしょうか？

答えは216ページの一番下の注釈にあります。

ふりかえり

マップ3よりもマップ4の方が複雑ですが、「繰り返し」ブロックを使うことで、マップ4の方がマップ3よりもブロックの数を減らすことができました。

プログラミング問題：「繰り返し」ブロックでマップ5をつくろう

マップ4のプログラムを参考にして、図のようなマップ5をつくってみましょう。
マップ4と同じようにマップ5を構成する線について表でまとめました。1番目から3番目の線を一般化できそうですね。必ず  を使ってください。

特徴	線の長さ	線の色	右隣の線との距離	線の上下の位置 （1～4段目）
左から1番目の線	60	黒	60	1段目
左から2番目の線	60	黒	60	2段目
左から3番目の線	60	黒	60	3段目
左から4番目の線	80	緑	右隣の線なし	4段目

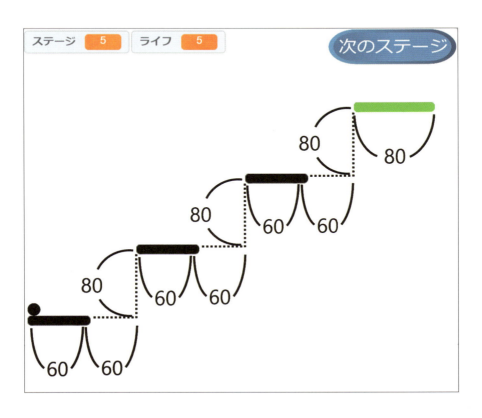

Chapter 4 | Scratchで学ぶプログラミング的思考［作図とゲーム］

ヒント　図の白い空欄の部分に数字を入れることで、問題のプログラムを完成させることができます。

解説　214ページのミニクイズの解答：  の「3」を「4」に変更します。

繰り返しを使っているおかげで、簡単に線の本数を変えることができます。もしも、繰り返しを使っていなければ、新たに4ブロックを追加する必要がありました。繰り返しはプログラムをつくったり読んだりする手間を減らすだけではなく、プログラムを変更する手間も減らすことができるのです。

解答例 図が模範解答のプログラムです。1番目から3番目の線を一般化して、[繰り返し]ブロックで描くことでプログラムを短くできました。

> **ふりかえり**
>
> 今回は[繰り返し]ブロックを使って階段のようなマップをつくりました。
> [繰り返し]ブロックを使えば、同じパターンが何度も現れるマップをつくりやすくなります。
> [繰り返し]ブロックを使って、ほかにどんなマップをつくれるか考えてみましょう。

> **まとめ**
>
> マップを構成する線の中から、共通する特徴をもった線を探し出して、[繰り返し]ブロックを使うことで、少ないブロックでマップを描くことができました。[繰り返し]ブロックを使うとプログラムをつくる手間を減らせるだけでなく、将来、プログラムの内容を変えるときに、変更する手間を減らせることもできます。
> このように、一般化の考え方は、効率よくプログラムをつくる上で非常に重要です。

キーワード 一般化、つくる手間、変更する手間　　**関連ワード** 繰り返し

［繰り返し］と［もし～なら］ブロックでマップ6をつくろう

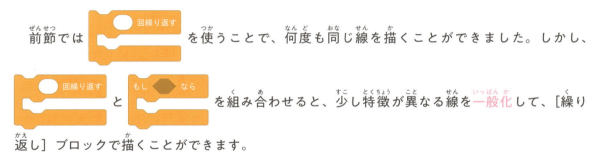

前節では ［回繰り返す］ を使うことで、何度も同じ線を描くことができました。しかし、［回繰り返す］と［もし～なら］を組み合わせると、少し特徴が異なる線を一般化して、［繰り返し］ブロックで描くことができます。

今までは黒色の線と緑色の線を使ってきましたが、ほかにも線の種類があります。今回はトラップを表す赤色の線を使って、図のようなマップ6をつくってみましょう。赤色の線にキャラクターが触れると、キャラクターがスタート地点に戻されて、ライフが1減ってしまいます。

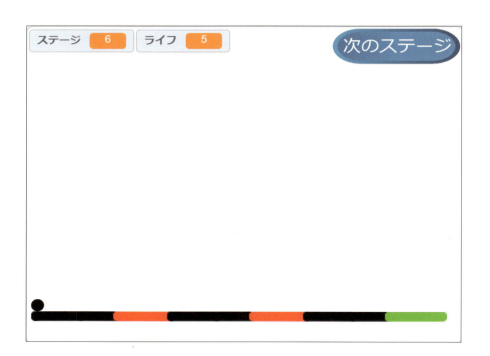

❶ ネコの画像が選択されていることを確認してから、図のように マップ6▼ を受け取ったとき を追加します。

❷ [少しだけ難しくなったマップ2をつくる]の手順 ❷ を参考にして、ゲームがマップ6から始まるようにしてください。

❸ 作品画面の左上にある 🚩 の実行ボタンを押して、図のようなマップが表示されることを確認します。それから、キャラクターを操作してゴールしてみましょう。

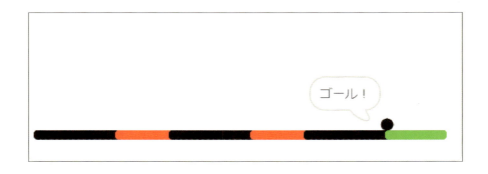

マップ6を構成する線について、表で特徴をまとめました。1・3・5番目と2・4・6番目の線がそれぞれ似ていますね。そこで、2本をペアにして、1と2番目、3と4番目、5と6番目の線という3個のペアを考えてみましょう。

1個目と2個目のペアは黒と赤の線を描きますが、3個目のペアは黒と緑の線を描きます。

3個目のペアは1個目と2個目のペアと異なるため、今までのように［繰り返し］だけで3個のペアを描けません。

そこで、今回のプログラムでは「もし〜なら」ブロックを使うことで、3個目のペアだけ処理の内容を変えました。［もし〜なら］のように条件によって処理を変える命令を条件分岐と呼びます。

条件分岐を使うことで、異なる特徴をもったものも含めて一般化することができます。

特徴	線の長さ	線の色
左から1番目の線	90	黒
左から2番目の線	60	赤
左から3番目の線	90	黒
左から4番目の線	60	赤
左から5番目の線	90	黒
左から6番目の線	60	緑

とを使うことで、最初の2回は赤色の線を描き、3回目のみ緑の線を描くことができます。もしも、［繰り返し］と［もし〜なら］を使っていなければ、緑の線を描く処理を［繰り返し］の外で書くことになり、プログラムに必要なブロック数が増えてしまいます。

このように、［もし〜なら］を使うことで、［繰り返し］の中で扱える処理の内容を広げることができます。

ふりかえり

今回は［もし〜なら］を使って、6番目の線だけ緑色に変えたマップをつくりました。［繰り返し］と［もし〜なら］を組み合わせれば、もっと複雑なマップもつくりやすくなりますね。

プログラミング問題：[繰り返し]と[もし～なら]ブロックでマップ7をつくろう

マップ6のプログラムを参考にして、図のようなマップ7をつくってみましょう。マップ5と同じようにマップ6を構成する線について表でまとめました。2番目から4番目の線を一般化できそうですが、3番目の線だけ色が異なります。そこで、[繰り返し]と[もし～なら]を組み合わせることで、線の色の違い（黒か赤か）に関わらず同じように扱ってみましょう。

必ず 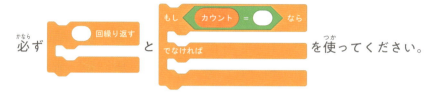 を使ってください。

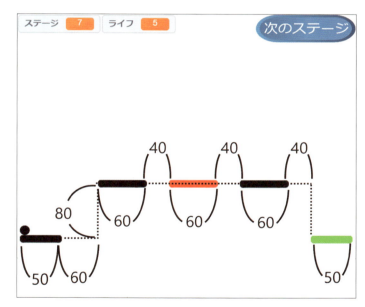

特徴	線の長さ	線の色	右隣の線との距離	線の上下の位置
左から1番目の線	50	黒	80	下
左から2番目の線	60	黒	40	上
左から3番目の線	60	赤	40	上
左から4番目の線	60	黒	40	上
左から5番目の線	50	緑	右隣の線なし	下

Chapter 4 | Scratch で学ぶプログラミング的思考 [作図とゲーム]

図の白い空欄の部分に数字を入れることで、問題のプログラムを完成させることができます。

解答例

右図が模範解答のプログラムです。2番目から4番目の線を一般化して、[繰り返し]ブロックで描くことでプログラムを短くできました。

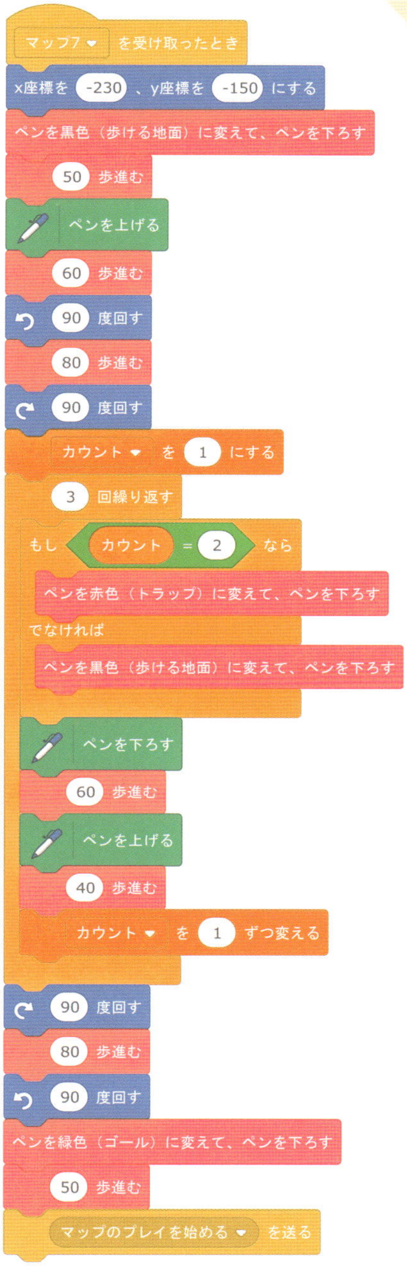

```
マップ7 ▼ を受け取ったとき
x座標を -230 、y座標を -150 にする
ペンを黒色（歩ける地面）に変えて、ペンを下ろす
50 歩進む
ペンを上げる
60 歩進む
90 度回す
80 歩進む
90 度回す
カウント ▼ を 1 にする
3 回繰り返す
    もし カウント = 2 なら
        ペンを赤色（トラップ）に変えて、ペンを下ろす
    でなければ
        ペンを黒色（歩ける地面）に変えて、ペンを下ろす
    ペンを下ろす
    60 歩進む
    ペンを上げる
    40 歩進む
    カウント ▼ を 1 ずつ変える
90 度回す
80 歩進む
90 度回す
ペンを緑色（ゴール）に変えて、ペンを下ろす
50 歩進む
マップのプレイを始める ▼ を送る
```

ふりかえり

今回はマップ6と同じように[もし～なら]を使って、3番目の線だけ赤色に変えたマップをつくりました。

[もし～なら]を使えば、線の色を変える命令だけでなく、好きなブロックの命令を実行することができます。

[もし～なら]を使って、ほかにどんなマップをつくれるか考えてみましょう。

まとめ

多少は異なる特徴があったとしても、[もし～なら]ブロックを使えば、条件分岐によって違いを無視して、共通する特徴をもった線を一般化できました。このように、必ずしも完全に同じ特徴をもっていなくても、一般化することができます。

キーワード　一般化、条件分岐

関連ワード　繰り返し、もし～なら

壁キックが必要なマップ8をつくろう

キャラクターは壁をキックして登ることができます。キャラクターが壁にふれている状態で、壁がある方向へ進みながら、↑キーを押してジャンプすることで、壁キックができます。

それでは、図のように、ゴールするために壁キックが必要なマップ8をつくってみましょう。

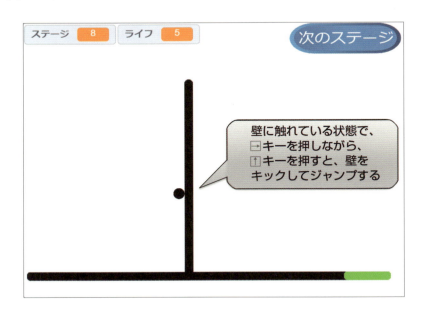

❶ ネコの画像が選択されていることを確認してから、図のように マップ8 ▼ を受け取ったとき を追加します。

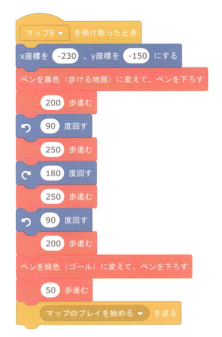

❷ [少しだけ難しくなったマップ2をつくる]の手順❷を参考にして、ゲームがマップ8から始まるようにしてください。

❸ 作品画面の左上にある 🏳 の実行ボタンを押して、図のようなマップが表示されることを確認します。それから、キャラクターを操作してゴールしてみましょう。
壁キックをする場合は、→キーを押しながら↑キーを押してください。

ふりかえり

今回は壁キックの仕組みを紹介して、壁キックをすることでクリアできるマップをつくりました。
壁キックを使って、ほかにどんなマップをつくれるか考えてみましょう。

赤色の線の入った壁があるマップ9をつくろう

　図のように、壁キックで登る壁に赤色の線を入れて、より難しい壁キックのマップ9をつくってみましょう。

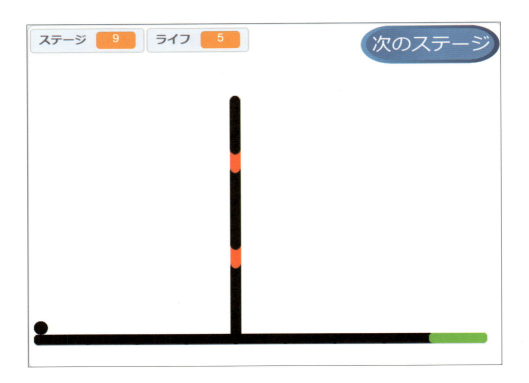

❶ ネコの画像が選択されていることを確認してから、図のように マップ9▼ を受け取ったとき を追加します。

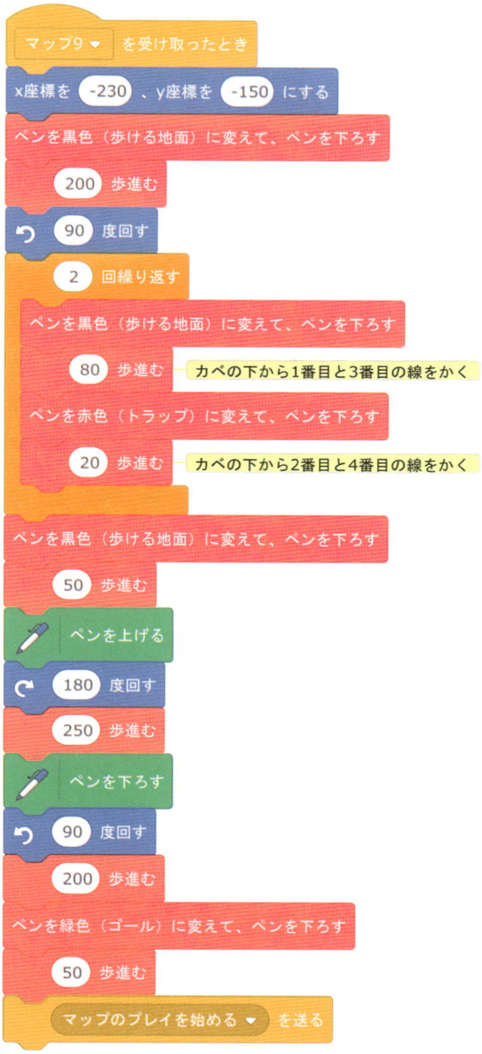

```
マップ9▼ を受け取ったとき
x座標を -230 、y座標を -150 にする
ペンを黒色（歩ける地面）に変えて、ペンを下ろす
200 歩進む
90 度回す
2 回繰り返す
  ペンを黒色（歩ける地面）に変えて、ペンを下ろす
  80 歩進む         ← カベの下から1番目と3番目の線をかく
  ペンを赤色（トラップ）に変えて、ペンを下ろす
  20 歩進む         ← カベの下から2番目と4番目の線をかく
ペンを黒色（歩ける地面）に変えて、ペンを下ろす
50 歩進む
ペンを上げる
180 度回す
250 歩進む
ペンを下ろす
90 度回す
200 歩進む
ペンを緑色（ゴール）に変えて、ペンを下ろす
50 歩進む
マップのプレイを始める▼ を送る
```

❷ [少しだけ難しくなったマップ2をつくる]の手順❷を参考にして、ゲームがマップ9から始まるようにしてください。

❸ 作品画面の左上にある 🏁 の実行ボタンを押して、図のようなマップが表示されることを確認します。それから、キャラクターを操作してゴールしてみましょう。

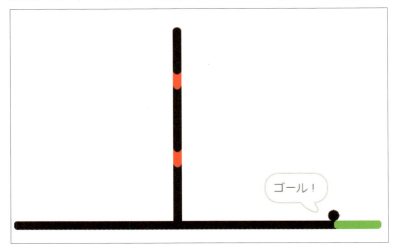

マップ9の壁を構成する線について、それぞれの特徴を考えてみましょう。表で各線の特徴をまとめました。表を見ると、1・3番目と2・4番目の線がそれぞれ似ていることがわかります。そこで、2本を1グループと考えて、1と2番目、3と4番目のグループとして、黒い線と赤い線のペアとして一般化できるため、繰り返しを使って描くことができました。

特徴	線の長さ	線の色
下から1番目の線	80	黒

特徴	線の長さ	線の色
左から2番目の線	20	赤
左から3番目の線	80	黒
左から4番目の線	20	赤

ふりかえり

今回は黒色の線の壁ではなく、黒色と赤色の両方が入った線の壁があるマップをつくりました。
壁の線に緑色をつくれば、壁の中にゴールをつくることもできます。
ほかにどんな壁のあるマップをつくれるか考えてみましょう。

プログラミング問題：入れ子になった [繰り返し] ブロックでマップ10をつくろう

マップ9のプログラムを参考にして、図のようなマップ10をつくってみましょう。

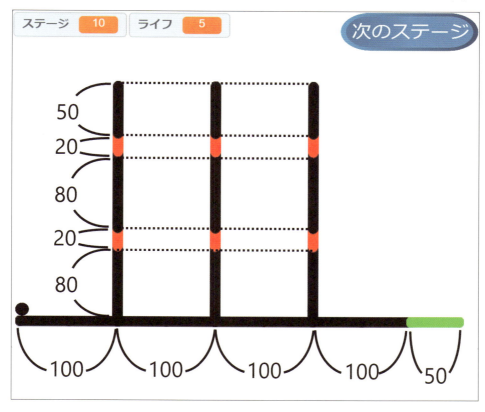

マップ10では、マップ9で描いた壁が3回描かれています。壁は黒と赤の線のペアを一般化して描いたものですが、今回は壁をさらに一般化して、複数の壁を描く必要があります。

そこで、図のように、[繰り返し] ブロックの中に [繰り返し] ブロックが入ったブロックを必ず使ってください。

図の白い空欄の部分に数字を入れることで、問題のプログラムを完成させることができます。

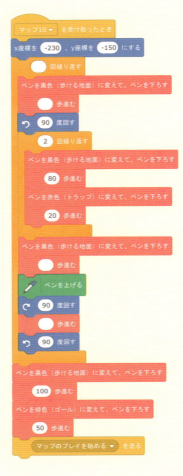

図が模範解答のプログラムです。マップ9と同じようにマップ10を構成する線について表でまとめました。2・4・6番目の線はマップ9で黒と赤の線を一般化して描いた壁になります。マップ10では、1番目の横線（地面）と2番目の縦線（壁）をペアとして考えて、1と2番目の線、3と4番目の線、5と6番目の線を一般化して描いています。

　一般化の一般化（繰り返しの繰り返し）を使うことで、簡単に複雑なマップを描くことができました。

特徴	線の長さ	線の色	線の種類
左から1番目の横線	100	黒	地面
左から2番目の縦線	100	黒と赤	壁
左から3番目の横線	100	黒	地面
左から4番目の縦線	100	黒と赤	壁
左から5番目の横線	100	黒	地面
左から6番目の縦線	100	黒と赤	壁
左から7番目の横線	100	黒	地面
左から8番目の線	50	緑	地面

Chapter 4 | Scratchで学ぶプログラミング的思考 [作図とゲーム]

```
マップ10 ▼ を受け取ったとき
x座標を -230 、y座標を -150 にする
3 回繰り返す
    ペンを黒色（歩ける地面）に変えて、ペンを下ろす
    100 歩進む
    ↺ 90 度回す
    2 回繰り返す
        ペンを黒色（歩ける地面）に変えて、ペンを下ろす
        80 歩進む
        ペンを赤色（トラップ）に変えて、ペンを下ろす
        20 歩進む
    ペンを黒色（歩ける地面）に変えて、ペンを下ろす
    50 歩進む
    ペンを上げる
    ↻ 180 度回す
    250 歩進む
    ↺ 90 度回す
ペンを黒色（歩ける地面）に変えて、ペンを下ろす
100 歩進む
ペンを緑色（ゴール）に変えて、ペンを下ろす
50 歩進む
マップのプレイを始める ▼ を送る
```

ふりかえり

今回は［繰り返し］の中に［繰り返し］のあるプログラムを使って、マップをつくりました。このように、複数の［繰り返し］を使うことで、さらに複雑なマップを簡単につくることができます。

まとめ

マップ9では、赤と黒の線のペアを一般化して、壁を描くことができました。さらに、マップ10では、壁を一般化して、複数の壁を描くことができました。

このように、一般化したものをさらに一般化して、より複雑な一般化を行うことができます。

繰り返し一般化するというテクニックは抽象化でも同様に使うことができ、抽象化したものをさらに抽象化したり、抽象化したものを一般化すること（またはその逆）もできます。

一般化と抽象化を繰り返すことで、簡単により複雑なプログラムをつくることができます。

キーワード　一般化の繰り返し　　　**関連ワード**　繰り返し、繰り返しの繰り返し、トラップ

青色の線（ジャンプ台）を使ってマップ 11 をつくろう

　これまで、黒色・緑色・赤色の線を使ってきましたが、最後に水色の線を使ってみましょう。水色はジャンプ台を表していて、キャラクターが水色の線に触れると、キャラクターは強制的に大きなジャンプをさせられます。

Chapter 4 | Scratchで学ぶプログラミング的思考［作図とゲーム］

① ネコの画像が選択されていることを確認してから、図のように マップ11▼ を受け取ったとき を追加します。

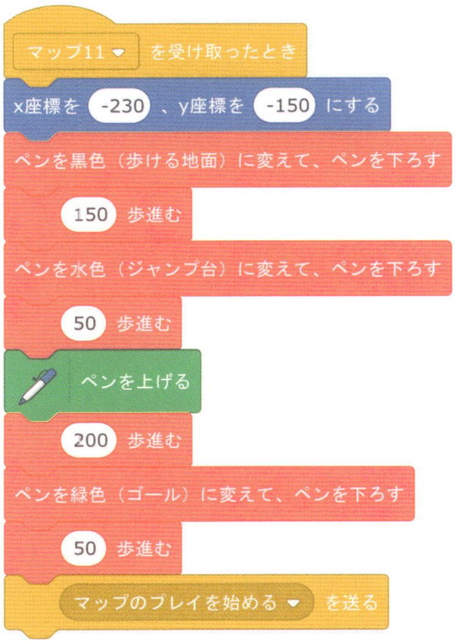

```
マップ11▼ を受け取ったとき
x座標を -230 、y座標を -150 にする
ペンを黒色（歩ける地面）に変えて、ペンを下ろす
150 歩進む
ペンを水色（ジャンプ台）に変えて、ペンを下ろす
50 歩進む
ペンを上げる
200 歩進む
ペンを緑色（ゴール）に変えて、ペンを下ろす
50 歩進む
マップのプレイを始める▼ を送る
```

② ［少しだけ難しくなったマップ2をつくる］の手順 ② を参考にして、ゲームがマップ11から始まるようにしてください。

③ 作品画面の左上にある 🚩 の実行ボタンを押して、図のようなマップが表示されることを確認します。それから、キャラクターを操作してゴールしてみましょう。

ふりかえり

今回は水色の線を使って、ジャンプ台のあるマップをつくりました。

ジャンプ台を使えば、大きな穴をジャンプしたり、壁を乗り越えたりできます。

また、ジャンプ台ではキャラクターが強制的にジャンプさせられてしまうため、そのことを逆手に取って、ジャンプすると赤色の線に当たってしまうようなマップもつくれます。

ジャンプ台を使って、ほかにどんなマップをつくれるか考えてみましょう。

ゲーム開始時にゲームスタート画面を表示しよう

これまで、マップ1からマップ11まで、11種類のマップをつくってきました。多くのゲームでは、ゲームスタート画面、ゲームクリア画面、ゲームオーバー画面があります。すでにScratchプロジェクトの中には3種類の画面が入っていますので、本節で各画面を表示できるようにします。3-5節でモデル化を学んでいますので、モデルを使って画面が表示される仕組みを整理してみましょう。図は現在のプログラムにおける画面表示のモデルになります。

図には「失敗した/同じマップをやり直す」などのように/の文字が出てきます。「/」の左側は「矢印が指す先の画面に変わるきっかけ」を、右側は「画面が変わる前に実行すること」を示します。たとえば、「失敗した/同じマップをやり直す」であれば、キャラクターが穴に落ちたりしてマップのクリアに失敗したときに、同じマップをやり直すということを意味します。

また、「ゴールした[マップ10にいない]/次のマップに進む」などのように[ ]の文字が出てきます。[ ]は矢印が指す先の画面に変わる条件を示します。たとえば、「ゴールした[マップ10にいない]/次のマップに進む」であれば、キャラクターがマップ10にいない場合は、キャラクターがゴールしたときに、次のマップに進むということを意味します。

なお、どんな画面でもプログラムの停止ボタンを押せば終了となるのですが、すべての画面から終了へ矢印の線を描くと図がごちゃごちゃしてしまうので、マップ11のみ終了へ矢印の線を描く形で省略しています。

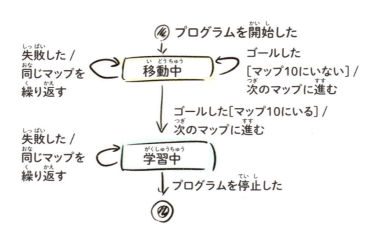

このようにモデル化して図で表現すると、画面が表示される順序がわかりやすくなります。
続いて、ゲームスタート画面をつくる準備をしましょう。図はゲームスタート画面を追加したときのモデルになります。

Chapter 4 | Scratchで学ぶプログラミング的思考 [作図とゲーム]

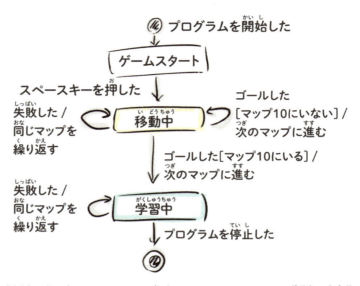

それでは、Scratch作品を実行したときに、最初にゲームスタート画面を表示するようにしてみましょう。

① ネコの画像が選択されていることを確認してから、図のようにプログラムを変更しましょう。

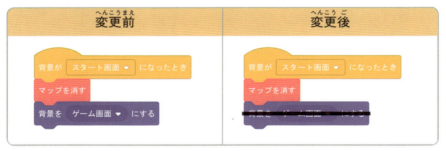

② 作品画面の左上にある 🏁 の実行ボタンを押して、図のようなゲームスタート画面が表示されることを確認します。

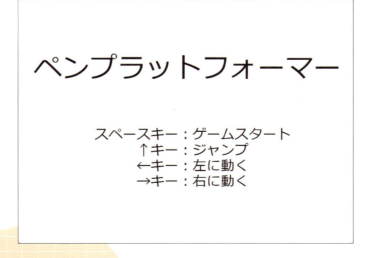

すべてのマップを終えたらゲームクリア画面を表示しよう

マップ11をクリアしたら、ゲームクリア画面を表示するようにしてみましょう。まず、ゲームクリア画面を表示するタイミングをモデルにして整理してみます。

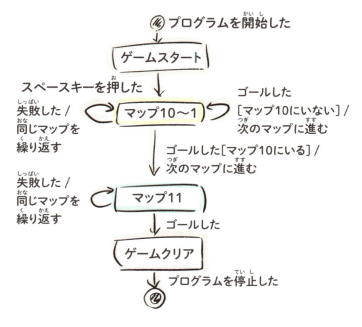

それでは、ゲームクリア画面を表示できるように、プログラムを変更します。

❶ ネコの画像が選択されていることを確認してから、図のようにプログラムを変更しましょう。

❷ 作品画面の左上にある 🚩 の実行ボタンを押して、マップ 11 の状態で［次のマップボタン］を 1 回押すと、図のようなゲームクリア画面が表示されることを確認します。

5回失敗したらゲームオーバー画面を表示しよう

　キャラクターが穴に落ちたりトラップの赤い線に触れると、ライフが1ずつ減っていきます。多くのゲームでは、一定の回数失敗したらゲームオーバーとなり、ゲームオーバー画面を表示します。今回はライフが0になったら、ゲームクリア画面を表示するようにしてみましょう。

　まず、ゲームオーバー画面を表示するタイミングをモデルにして整理してみます。

　それでは、ゲームオーバー画面を表示できるように、プログラムを変更します。

❶ ネコの画像が選択されていることを確認してから、図のようにプログラムを変更しましょう。

❷ 作品画面の左上にある 🚩 の実行ボタンを押して、穴に5回落ちてライフを0にすると、図のようなゲームオーバー画面が表示されることを確認します。

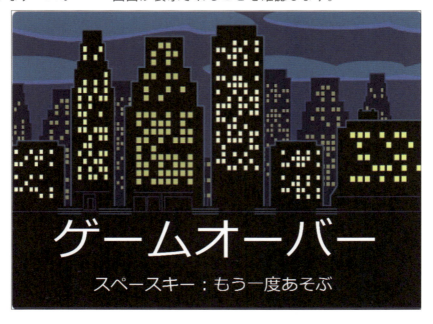

Chapter 4 | Scratchで学ぶプログラミング的思考［作図とゲーム］

プログラミング問題：ゲームオーバー画面のモデルの絵を書こう

　先ほどのプログラムでゲームオーバー画面を追加することができました。そこで、これまでのモデルの絵に、ゲームオーバー画面を表示する処理を追加してみましょう。そうすることで、ゲームオーバー画面を表示するタイミングを整理することができます。

解答例　図が模範解答になります。前回のモデルの絵に追加された概念について説明します。

　「マップ1～10」と「マップ11」でライフが0の状態で失敗するとゲームオーバー画面が表示されますので、「ゲームオーバー」と矢印の線を描きました。

　一方、ライフが1以上で失敗すると、やり直しとなり同じマップのままですので、同じマップに戻る矢印の線に［ライフが1以上］を追記しました。また、ゲームオーバー画面でスペースキーを押すとゲームスタート画面に戻りますので、「ゲームオーバー」から「マップ1～10」へ矢印の線を描きました。

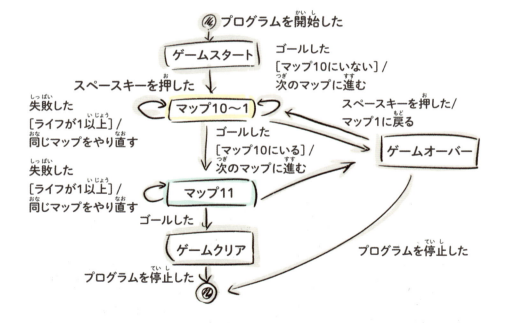

: マップを改造したり増やしてみよう

これまで学んできたことを振り返り、マップを改造したり増やしてみてください。是非、さまざまなアイデアを考えてみてください。参考までにいくつかマップ案をご紹介します。
- 天井をつくる
- 複数のゴールをつくる
- たくさんのトラップをつくる
- もっとジャンプ台を活用する

 皆さんはマップを改造したり、オリジナルのマップをつくられたでしょうか？
参考までに、筆者が考えたマップをつくるプログラムを紹介します。次のプログラムを実行すると、図のようなマップ12がつくれます。

Chapter 4 | Scratchで学ぶプログラミング的思考［作図とゲーム］

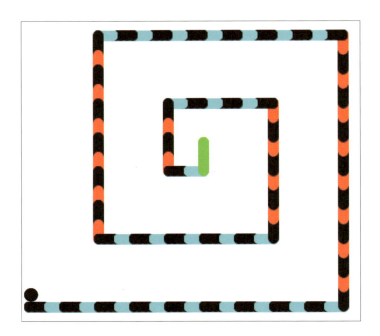

> **まとめ**
>
> 　本節（4-2）のScratch作品はゲームスタート画面・ゲーム画面・ゲームクリア画面・ゲームオーバー画面の4種類の画面があり、さらに、11種類のマップがあります。さまざまな種類の画面があると複雑になり、画面が表示される順序や表示されるルールがわかりにくくなります。プログラムをつくるためには、表示する順序やルールを正確に理解する必要があります。
> 　そのため、画面を表示する順序やルールをモデル化して、整理することが重要です。
> 　本節（4-2）では作品をつくる手順を細かく説明しており、発展問題でのみオリジナルのアイデアを練る機会がありました。しかし、自分で考えてオリジナルの作品をつくるところが、プログラミングの醍醐味でもあります。是非、学んだことを活かして、これからオリジナルのScratch作品づくりに挑戦してください。
> 　プログラミングの世界はまだまだ奥深く、さまざまなことを発見して楽しむことができるでしょう。

キーワード　モデル化　　**関連ワード**　ジャンプ台、オリジナルのアイデア

[ゲームスタート・ゲームクリア・ゲームオーバー画面のふりかえり]
　今回は背景を切り替えることで、3種類の画面を表示するようにしました。

ゲームスタート画面には一番最初に表示されるため、遊ぶ人がワクワクするような内容を表示したり、ゲームの遊び方の説明を表示したりすると良いでしょう。

ゲームをクリアした人は、「やったー」という気持ち（達成感）を感じることが多いです。
そのため、ゲームをクリア画面では達成感を強められるような内容を表示すると良いでしょう。

ゲームオーバーした人は、残念な気持ちや悔しい気持ちを感じることが多いです。それでも、もう一度ゲームに挑戦してもらえるよう、励ましたり楽しませたりする内容を表示すると良いでしょう。
皆さんもオリジナルの画面をつくることに挑戦してみてください。

今回のゲームのように複雑なプログラムをつくる場合、内容を考えている途中で混乱してしまうことや、プログラムをつくる途中で、もともとつくりたい内容を思い出せなくなること、ほかの人と一緒につくるときに、つくりたい内容を上手く伝えられないことがあります。

そんなときは、今回のようにモデルを考えて、その絵を描いてみると良いでしょう。
モデルの絵を描くことで、自分の思い描く作品の内容を整理することができますし、つくっている途中で内容を思い出したり、ほかの人に内容を伝えやすくなります。

Chapter 5 プログラミング的思考のまとめとさらなる学びに向けて

5-1 まとめとさらなる学びに向けて

Chapter 5 | プログラミング的思考のまとめとさらなる学びに向けて

5-1 まとめとさらなる学びに向けて

5.1 まとめ

ここまで、さまざまなクイズとゲーム作品を通して、プログラミング的思考と Scratch を用いたプログラミングを学びました。各章で学んだことを振り返ってみましょう。

1章では、コンピュータと Scratch プログラミングの基本的な仕組みを学びました。コンピュータは、人や外からの入力を受けて、プログラムに基づき計算や処理をして、結果を出力するものでした。コンピュータになったつもりでものごとを整理し組み立てる考え方をプログラミング的思考といい、その結果を Scratch といったコンピュータがわかる言葉や環境を利用してプログラムとして書き、コンピュータに伝えることをプログラミングといいました。

プログラミング的思考は、コンピュータのプログラムに限らず、日常生活におけるさまざまなものごとを整理して、問題を解決することに役立つものでした。そして考えた結果をプログラムとして表しコンピュータで実行することで、誰でも、速く、正確に、何度でも問題を解決できるようになるのでした。

プログラミング的思考には、大きく分けると、プログラムの仕組みに基づいて考える方法（2章）と、扱いたいものごとの特徴に基づいて考える方法（3章）の2つがありました。

2章では、プログラムを組み立てるときの基本的な手順である次のアルゴリズムを学びました。またそれらを Scratch のプログラムにおいて使いました。

- 2.2 順次（逐次）：順番通りに進めました。
- 2.3 条件分岐：場合や状態の違いによってやることを変えました。
- 2.4 繰り返し：同じことを何度も繰り返し行いました。

またアルゴリズムを実現するための以下のデータ（データ構造）や仕組みを学び、同じく Scratch で扱いました。

- 2.6 変数：特別な箱に入れた数字や文字列を使うことで、同じことをさまざまなことに変えながらできました。
- 2.7 配列：箱をたくさん並べて、数字や文字列といったデータの集まりを扱いました。その応用として、大きい順などで要素を並び替えるソートというアルゴリズムを学びました。

- 2.8 関数：指示のまとまりに名前を付けて、繰り返し使えるようにしました。
- 2.10 メッセージ：手続きを進めるきっかけを、誰かからほかのみんなに出しました。

3章では、ものごとの特徴に基づいて整理する以下の考え方を学びました。またそれらの考え方に基づいた問題の解決の仕方を、アルゴリズムやデータ構造を活用してScratchのプログラムとして実現しました。

- 3.2 分解と組み立て：複雑なことを小さく単純なことへ分けて組み立てました。
- 3.3 一般化：多くのものごとを、共通の特徴に基づいてまとめました。
- 3.4 抽象化：複雑なものごとの一番大切な特徴に注目して簡単にしました。
- 3.5 モデル化：実際のものごとを簡単な図や絵、模型などで表しました。
- 3.6 シミュレーション：ものごとの規則を利用してさまざまな場合や未来を予想しました。
- 3.7 論理的推論：すじみちを立てて考えを一つひとつ組み立てました。個々のできごとからルールを考える帰納、ルールを個々のできごとにあてはめて未来を考える演繹、ルールに基づいて個々のできごとの過去を考える仮説形成の3つがありました。

最後に4章では、ゲームを題材としたScratch作品づくりを通じて、3章で学んだ考え方を用いて問題を整理してから解決の仕方を考えて、2章で学んだアルゴリズムとデータ構造や関連する仕組みを用いてプログラムとして表し、問題を実際に解決する流れと方法を学びました。

さあ、これで、皆さん自身のものごとを整理して、プログラミングにより問題を解決する準備ができました。複雑に見える日常のたいていのことは、この本で取り上げたプログラミング的思考とプログラミングの仕組みの積み重ねで扱えます。あとは皆さん自身の好奇心とアイデアで、ひとりで、みんなで、自由に問題や作品を考えて、楽しく解決や実現をしていきましょう。

たとえばScratchでは、作品を世界に向けて公開できます。「いいね！」や「こうするともっといいよ！」といった反応があるかもしれません。逆にあなたも、ほかの人が公開している作品にそうしてあげると、きっと喜んでもらえるでしょう。

5.2 ほかの教科への応用に向けて

　プログラミング的思考とプログラミングの仕組みを応用することで、学校や社会で学ぶさまざまなものごとをより簡単に、より正確に扱えるようになります。たとえば小学校の教科では、以下のように応用できます。

- 算数では、計算や図形の仕組みをわかりやすく捉えて、考えた結果をプログラミングすることで自動的に計算したり図形を描いたりして、わかりやすく確認できます。たとえば4章では、プログラミングにより多角形を描きました。それを通じて、多角形の特徴をわかりやすく学ぶことができました。

- 国語では、文章のつながりや意味をわかりやすくとらえて、組み立てられるようになります。たとえば3章では、論理的推論により考えを一つひとつ組み立てて、起きたできごとの原因や次に起きそうなことを、あてずっぽうではなく、きちんと理由のある形で予想できました。

　　また、プログラミングを通じて、文字のなりたちをわかりやすく確認できます。

　　たとえば、4章で描いた図形を、漢字に置き換えてみると書き順や仕組みがよくわかります。

- 理科では、電気や力、生き物、化合物などの仕組みや特徴をわかりやすく捉えて、考えた結果をシミュレーションすることで、わかりやすく確認できます。

- 社会では、地域の特徴や歴史の流れを、きちんと理由のある形でわかりやすく捉えられます。

　　また、プログラミングを通じて、地域の未来やこれから起きそうなできごとを簡単にわかりやすく確認できます。

- 音楽では、曲のリズムやパターンといった特徴やルールをわかりやすく捉えられます。さらに考えた結果に基づいて、プログラミングにより音を鳴らしてわかりやすく確認できます。

　　たとえば、Scratchではさまざまな音を簡単に鳴らせます。

- 家庭では、家庭や身の回りで必要なことがらを整理して、さらにプログラミングによりシミュレーションしたり計画を立てたりできます。

　　たとえば、2章や3章では、料理のつくり方や掃除の仕方を題材にさまざまなアルゴリズムや考え方をとりあげました。

5.3 プログラミング的思考とプログラミングをより深めるために

より学びを深めたくなったら、下記のようなさまざまな分野をのぞいてチャレンジしてみると良いでしょう。

- 世の中にはScratch以外にも、さまざまなプログラミング言語や環境があります。Scratchはブロックを組み立てていくビジュアルプログラミング言語ですが、仕事で使うプログラムの多くは、文字列だけでプログラムを書くテキストプログラミング言語でつくられています。本やサンプルがたくさんある人気の言語としてPythonやJavaがあります。Scratchに慣れたら、続いてそれらに挑戦してみましょう。筆者らは、G7プログラミングラーニングサミットというプロジェクトにおいて、おもにプログラミングを初めて学ぶ人向けのさまざまな言語や環境を分類したり特徴を調査したりしています。（http://g7programming.jp/）

- アルゴリズムとデータ構造という分野では、たくさんの組み合わせがある中でもっとも良いものを早く見つけるといったさまざまな高度なアルゴリズムがまとまっています。また、それをプログラムで簡単に実現するためのデータの仕組みも整理されています。テキストプログラミング言語の学習をはじめたら、あわせて、サンプルがその言語で書かれたアルゴリズムとデータ構造の本を手に取ってみるのも良いでしょう。

- 小学生や若い人向けに、プログラミングの能力やアイディアを競うさまざまなコンテストや大会が開催されています。たとえばこの本の筆者らは、GPリーグ（https://gpleague.jp）という「プログラミングバトル」イベントの開催に協力しています。
また、能力の度合いを評価してくれるさまざまなプログラミング検定もはじまっています。ぜひ挑戦してみてください。なお、この本の2章と3章の項目は、（株）ベネッセコーポレーションの「デジタル・情報活用検定Pプラス」（https://www.p-pras.com/）のプログラミング領域の評価基準におおむね沿って構成しています。

索引 英数字・あ～さ

英数字

Central Processing Unit ……………… 13
CPU ……………………………………… 13
false …………………………………… 194
Java …………………………………… 249
OS ……………………………………… 13
Python ………………………………… 249
Random Access Memory ……………… 13
SSD ……………………………………… 13
Scratch ………………………………… 14
true …………………………………… 194

あ

挨拶 ……………………………………… 28
合図 ……………………………………… 87
アブダクション ……………………… 136
新たなルール ………………………… 143
アルゴリズム …………………………… 22
アルゴリズムとデータ構造 ………… 144
ある物のまとまり ……………………… 64
家を描こう …………………………… 172
1からNの足し算 ……………………… 83
一番大切な特徴 ……………………… 113
一般化 ………………………………… 92
一般化と抽象化 ……………………… 232
一般化のScratchプログラミング … 108
入れ子になった[繰り返し]ブロック … 229

インダクション ……………………… 135
インデックス …………………………… 64
x座標 …………………………………… 98
演繹 ………………………… 135, 139, 143
演繹によるプログラミング ………… 142
演算 ……………………………………… 13
遠足 …………………………………… 112
遠足(調べ学習) ……………………… 120
遠足(調べ学習)のモデル化 ………… 122
遠足の移動方法 ……………………… 136
おそらくこういう原因により
　　こうなった …………………… 143
オペレーティングシステム …………… 13
オリジナルの絵をかく ……………… 196
音楽への応用 ………………………… 248

か

外角 …………………………………… 149
回転する角度の求め方 ……………… 166
過去を予想 …………………………… 136
仮説形成 …………………… 135, 136, 143
仮説形成によるデバッグ …………… 142
カップラーメン ………………………… 74
家庭への応用 ………………………… 248
壁キック ……………………………… 224
カメラ …………………………………… 12
関係の種類 ……………………………… 95

関数	74
関数のつくり方	79
簡単にした図	120
記憶装置	13
規則	129
帰納	135, 139, 143
帰納による検討	142
木の図形	196
共通	105
共通している食材	104
共通する動作	37
共通の特徴	105
キーボード	12
具体化	113, 117, 119
具体的なことがらを扱うほう	117
組み立て	92
繰り返し	22
繰り返し一般化	232
繰り返しが使われたプログラムを読んでみよう	40
繰り返しと配列の考え方を組み合わせてみよう	61
繰り返しと変数を使ったプログラム	54
[繰り返し]ブロック	212
繰り返しを使ったプログラムを作成してみよう	41
クローン	193
結果をもたらした原因	134
決定・働きかけ	144
結論	144
ゲームオーバー画面	239
ゲームオーバー画面のモデルの絵	240
ゲーム開始時	235
ゲームクリア画面	237
ゲームスタート画面	235
原因	134
現実の世界	144
こういうときはたいていこうなる	143
国語への応用	248
異なる特徴で整理	107
コピー機能	209
個別	105
コード	150
ゴミを消すプログラミング	101
コンピュータ	12
コンピュータシミュレーション	133
コンピュータにおける色	110
コンピュータの役割	12

さ

再帰	82
再帰呼び出し	197
再帰を使ったプログラミングにチャレンジ	82

索引 さ～は

再帰を使って二分探索をつくってみよう … 84
再現 …… 96
再利用 …… 211
三角形を描く …… 148
算数への応用 …… 248
サンドイッチのつくり方 …… 94
三棟の家を描こう …… 191
四則演算 …… 80
実行シミュレーション …… 144
実行ボタン …… 153
シミュレーション …… 92, 128
シミュレーションのScratchプログラミング …… 131
シミュレーションのプログラミング的思考 …… 128
社会への応用 …… 248
ジャンプ台 …… 233
主記憶装置 …… 13
出力装置 …… 12
順次 …… 22
条件分岐 …… 22
条件分岐が使われたプログラムを読んでみよう …… 32
条件分岐と繰り返しの組み合わせ …… 45
条件分岐を利用した一般化 …… 223
条件を考えてみよう …… 34
状態 …… 125

状態の間の変化 …… 125
食卓 …… 86
処理や指示 …… 74
G7プログラミングラーニングサミット … 249
GPリーグ …… 249
真偽値 …… 80
Scratch作品をつくる準備 …… 146
Scratchプログラミング …… 131
スクラッチキャットに掃除させるプログラミング …… 98
図形の特徴 …… 166
[少しだけ難しくなったマップ2をつくる]の手順② …… 208
[進む]ブロックの解説 …… 157
ステージ上の位置 …… 98
すでにわかっていること …… 135
スプライト …… 193
スプライトインフォペイン …… 150
正九十角形を描く …… 170
制御 …… 13, 31
正十角形を描く …… 165
正多角形 …… 159
正方形を描こう …… 154
正六角形を描く …… 162
背の順 …… 63
説明書 …… 74
線形探索 …… 68

252

センサー ……………………………… 12

ソート ………………………………… 62

ソートを使って配列の
　要素を並び替えてみよう …………… 65

た

大切な特徴だけを扱うほう ………… 117

代入 …………………………………… 49

だからこのときはこうなる ………… 143

足し算を再帰で行う ………………… 82

探索 …………………………………… 68

探索のアルゴリズムをプログラムで
　考えてみよう ………………………… 70

単純な命令 …………………………… 103

小さく単純なこと …………………… 95

中央処理装置 ………………………… 13

抽象化 ……………… 92, 112, 117, 119

抽象化のScratchプログラミング … 114

抽象化のプログラミング的思考 …… 112

貯金のクイズ ………………………… 128

定式化 ………………………………… 22

手紙 …………………………………… 87

テキストプログラミング言語 ……… 249

手順書 ………………………………… 74

デダクション ………………………… 135

手続き ………………………………… 107

デバッグ ……………………………… 141

特徴 …………………………………… 107

トラップ ……………………………… 218

な

内角 …………………………………… 149

内角の大きさ ………………………… 166

内角の数 ………………………… 165, 167

内角の和 ……………………………… 149

流れ …………………………………… 127

2進数 ………………………………… 13

二分探索 ……………………………… 69

入力装置 ……………………………… 12

ネコを追加する ……………………… 193

値段表 ………………………………… 84

は

ハードディスク ……………………… 13

配列の応用 …………………………… 62

配列のつくり方 ……………………… 58

バグ …………………………………… 141

バブルソート ………………………… 64

引数の追加方法 ……………………… 168

引数をもった関数をつくってみよう … 79

ビジュアルプログラミング ………… 14

ひとまとまり ………………………… 75

風船を追いかけるプログラム ……… 137

風船を追いかけるプログラム（改善）… 140

253

索引 は〜わ

複数回行う ……………………… 36
複製 …………………………… 209
二棟の家を描こう ……………… 184
フラクタル図形 ………………… 197
プログラミング ………………… 14
プログラミング検定 …………… 249
プログラミングバトル ………… 249
プログラム（掃除の流れ）のモデル化 …… 124
プログラムの質を上げる ……… 186
分解 ……………………… 92, 103
分解と組み立て ………………… 94
分解と組み立ての
　Scratchプログラミング …… 98
分解と組み立ての
　プログラミング言語 ………… 13
ブロックを追加 ………………… 151
ペン ……………………………… 178
変数 ……………………………… 111
変数に入った値がどのように
　変わっているか考えてみよう …… 54
変数の値を入れ替えてみよう …… 53
変数を使ったプログラムを
　作成してみよう ……………… 50
ペンプラットフォーマー ……… 198
ペンを上げる …………………… 178
ペンを下ろす …………………… 178
星型の図形 ……………………… 196

補助記憶装置 …………………… 13
本棚 ……………………………… 56

ま

まだわかっていないこと ……… 135
マップ1 ………………………… 200
マップ2 ………………………… 206
マップ3 ………………………… 209
マップ4 ………………………… 212
マップ5 ………………………… 215
マップ6 ………………………… 218
マップ7 ………………………… 221
マップ8 ………………………… 224
マップ9 ………………………… 226
マップ10 ……………………… 229
マップ11 ……………………… 233
マップを改造 …………………… 241
窓のある家を描く ……………… 180
窓のある家を描こう …………… 175
未来の様子 ……………………… 129
無限ループ ……………………… 42
メッセージ ………………… 86, 114
メッセージによる抽象化 … 119, 194
メッセージを使ったプログラム …… 88
メモリ …………………………… 13
模擬実験 ………………………… 129
模型 ……………………………… 127

[もし～なら]ブロック ················· 218
モデリング ························· 121
モデル ························ 121, 123
モデル化 ············· 92, 120, 125, 127
モデル化とシミュレーション ··········· 92
モデル化のScratchプログラミング ······ 124
モデル化のプログラミング的思考 ········ 120
モデルの世界 ······················· 144

や

役割 ······························· 12
予想 ······························ 135

ら

理科への応用 ······················· 248
リスト ····························· 57
リファクタリング ··················· 186
リミックス ························· 147
ルール ····························· 129
ルールを見つける ··················· 139
レシピ ·························· 74, 96
論理的推論 ············ 93, 135, 143, 144
論理的推論のプログラミング的思考 ······ 134
論理的推論のScratchプログラミング ···· 137

わ

y座標 ······························ 98

鷲崎 弘宜 わしざき ひろのり
早稲田大学グローバルソフトウェアエンジニアリング研究所所長・教授、国立情報学研究所 客員教授、(株)システム情報 取締役(監査等委員)、(株)エクスモーション社外取締役。
ビジネスと社会のためのソフトウェアエンジニアリングおよびプログラミングの研究、教育、社会実装に従事。プログラミング学習環境やルーブリックの調査研究プロジェクトG7プログラミングラーニングサミット主宰。IoT・AIの社会人教育事業enPiT-Proスマートエスイー事業責任者。

齋藤 大輔 さいとう だいすけ
早稲田大学基幹理工学部情報理工学科 講師(任期付)。博士(工学)。プログラミングが与える学習効果に関する研究に取り組んでいる。しごと能力研究学会 理事。マイクロソフト認定教育イノベーター。東洋英和女学院大学非常勤講師。

坂本 一憲 さかもと かずのり
WillBooster合同会社 CEO。早稲田大学 研究院客員准教授。国立情報学研究所 客員助教。東京大学・東京工業大学 非常勤講師。株式会社リビングロボット アドバイザー。IPA/経産省 未踏スーパークリエーター。プログラム解析・プログラミング教育・動機づけ研究等に従事。

カバー・本文イラスト：玉利 樹貴
ブックデザイン：玉利 樹貴
DTP：沖縄教育プロダクション株式会社
担当：畠山 龍次

Scratch(スクラッチ)でたのしく学ぶ
プログラミング的思考

2019年　9月20日　初版第1刷発行

著者	鷲崎 弘宜、齋藤 大輔、坂本 一憲
発行者	滝口直樹
発行所	株式会社 マイナビ出版
	〒101-0003　東京都千代田区一ツ橋2-6-3　一ツ橋ビル 2F
	TEL：0480-38-6872(注文専用ダイヤル)
	TEL：03-3556-2731(販売)
	TEL：03-3556-2736(編集)
	E-mail：pc-books@mynavi.jp
	URL：https://book.mynavi.jp
印刷・製本	シナノ印刷株式会社

©2019 Hironori Washizaki, Daisuke Saito, Kazunori Sakamoto, Printed in Japan
ISBN 978-4-8399-6973-8

- 定価はカバーに記載してあります。
- 乱丁・落丁についてのお問い合わせは、TEL:0480-38-6872(注文専用ダイヤル)、あるいは電子メール：sas@mynavi.jp までお願いいたします。
- 本書は著作権法上の保護を受けています。本書の無断複写・複製(コピー、スキャン、デジタル化など)は、著作権法上の例外を除き、禁じられています。
- 本書についてご質問などございましたら、マイナビ出版の下記URLよりお問い合わせください。お電話でのご質問は受け付けておりません。また、本書の内容以外のご質問についてもご対応できません。
https://book.mynavi.jp/inquiry_list/